MATHETIGER

Basistraining

4

Herausgegeben von

Thomas Laubis

Erarbeitet von

Thomas Laubis

Eva Schnitzer

Mildenberger

Inhaltsverzeichnis

Wiederholung

Addieren

1

H	Z	E

H	Z	E
	2	1	4
+	3	2	1
			5

> Ich rechne in Stellenwerten und beginne bei den Einern.

Lege die Aufgaben. Addiere dann schriftlich. Beginne bei den Einern.

a

H	Z	E
2	1	4
+ 3	2	1

b

H	Z	E
1	2	6
+ 2	4	3

c

H	Z	E
4	3	1
+	5	2

d

H	Z	E
3	0	2
+ 1	6	4

2 Addiere schriftlich. Beginne bei den Einern.

> Achtung: Denke an den Übertrag.

a

H	Z	E
3	6	9
+ 2	1	3
	1	
		2

b

H	Z	E
2	5	8
+ 4	3	6

c

H	Z	E
1	4	5
+ 7	7	0

3 Schreibe die Aufgaben in die Stellenwerttabellen. Addiere schriftlich.

a

132 + 582

H	Z	E
1	3	2
+ 5	8	2

b

657 + 234

H	Z	E

c

965 + 18

H	Z	E

d

89 + 472

H	Z	E

Subtrahieren

1

H	Z	E

	H	Z	E
	3	5	8
−	1	2	4
			4

Ich rechne in Stellenwerten und beginne bei den Einern.

Lege die Aufgaben. Subtrahiere dann schriftlich. Beginne bei den Einern.

a

	H	Z	E
	3	5	8
−	1	2	4

b

	H	Z	E
	8	4	2
−	5	3	0

c

	H	Z	E
	6	7	9
−	2	1	5

d

	H	Z	E
	9	3	5
−	4	1	2

2 Subtrahiere schriftlich. Beginne bei den Einern.

a

	H	Z	E
	7	8	1
−	6	5	9
			2

b

	H	Z	E
	4	6	3
−		4	8

c

	H	Z	E
	5	1	4
−	3	9	4

Achtung!

3 Schreibe die Aufgaben in die Stellenwerttabellen. Subtrahiere schriftlich.

a 293 − 176

	H	Z	E
	2	9	3
−	1	7	6

b 875 − 461

H	Z	E

c 909 − 712

H	Z	E

d 136 − 57

H	Z	E

1 Mehrsystemblöcke oder Stellenwertsymbole (Beilage 3) verwenden
2,3 Übertrag oder Entbündelung je nach Subtraktionsverfahren notieren

Wiederholung

Multiplizieren

1 Finde und löse zuerst die kleine Aufgabe.

a
5 · 30 =
5 · 3 =

b
2 · 40 =

c
3 · 70 =

d
4 · 20 =

e
7 · 60 =

f
9 · 50 =

g
4 · 40 =

h
7 · 90 =

i
9 · 80 =

2

Ich multipliziere zuerst die Zehner, dann die Einer.

3 · 18 = 54
3 · 10 = 30
3 · 8 = 24

Lege die Aufgaben und rechne halbschriftlich wie Nora.

a
3 · 18 =
3 · 10 =

b
5 · 14 =

c
2 · 17 =

3 Multipliziere halbschriftlich.

a
4 · 21 =
4 · 20 =

b
9 · 36 =

c
6 · 52 =

d
8 · 48 =

e
7 · 63 =

f
3 · 95 =

Dividieren

1 Finde und löse zuerst die kleine Aufgabe.

a
250 : 5 = ☐
25 : 5 = _____

b
160 : 8 = ☐
_____

c
180 : 6 = ☐
_____

d
80 : 2 = ☐
_____

e
270 : 3 = ☐
_____

f
140 : 7 = ☐
_____

g
240 : 4 = ☐
_____

h
360 : 9 = ☐
_____

i
560 : 7 = ☐
_____

2

Ich zerlege 48 in 40 und 8, das kann ich leicht dividieren.

48 : 4 = 12
40 : 4 = 10
8 : 4 = 2

Lege die Aufgaben und rechne halbschriftlich wie Paul.

a
48 : 4 = ☐
40 : 4 = _____
_____

b
39 : 3 = ☐
_____
_____

c
28 : 2 = ☐
_____
_____

3 Dividiere halbschriftlich.

a
65 : 5 = ☐
50 : 5 = 10
15 : 5 = _____

b
84 : 7 = ☐
_____
_____

c
78 : 6 = ☐
_____
_____

d
88 : 8 = ☐
_____
_____

e
32 : 2 = ☐
_____
_____

f
76 : 4 = ☐
_____
_____

2 Mehrsystemblöcke oder Stellenwertsymbole (Beilage 3) verwenden

Fachbegriffe

1 Immer vier Karten gehören zusammen. Male sie in der gleichen Farbe an.

+	–	.	:

minus	geteilt durch	plus	mal

multiplizieren	addieren	subtrahieren	dividieren

Differenz	Produkt	Quotient	Summe

2 Welche Zahlen haben sich die Kinder gedacht? Löse mit den Pfeilbildern.

a

Marla denkt sich eine Zahl.
Sie addiert 20 und dividiert das
Ergebnis durch 5. Sie erhält 10.

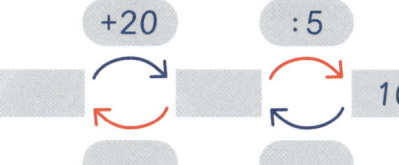

gedachte Zahl:

b

Finn denkt sich eine Zahl.
Er subtrahiert 15 und multipliziert
das Ergebnis mit 4. Er erhält 20.

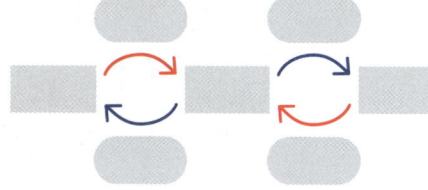

gedachte Zahl:

c

Jan denkt sich eine Zahl. Er
multipliziert sie mit 3 und subtrahiert
vom Ergebnis 50. Er erhält 40.

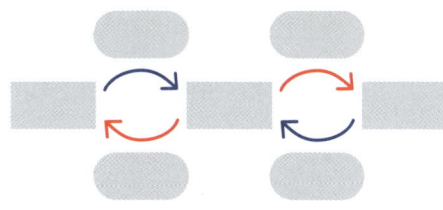

gedachte Zahl:

d

Paula denkt sich eine Zahl.
Sie dividiert sie durch 4 und addiert
zum Ergebnis 90. Sie erhält 100.

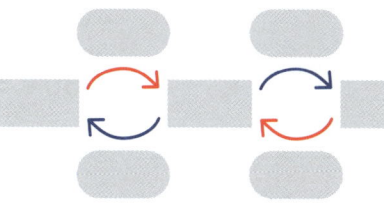

gedachte Zahl:

Rechnen mit Geld

1 Rechne schriftlich.

a)
```
    1 4 , 0 7 €
  + 2 5 , 3 4 €
  ─────────────
```

b)
```
    2 3 9 , 6 1 €
  +    4 6 , 1 3 €
  ───────────────
```

c)
```
      8 , 7 2 €
  −   3 , 4 9 €
  ─────────────
```

d)
```
    1 5 , 6 0 €
  −    4 , 2 8 €
  ─────────────
```

2 Schreibe untereinander und rechne schriftlich.

a)
65,42 € + 10,19 €

```
    6 5 , 4 2 €
  +
  ─────────────
```

b)
81,34 € − 7,56 €

c)
38,75 € + 9,86 €

Komma steht unter Komma.

3 Wandle um und rechne halbschriftlich.

a)
2 · 1,30 € = ⬚ €
2 · 130 ct = _____
2 · 100 ct = _____
2 · 30 ct = _____

b)
4 · 2,10 € = ⬚ €
_____
_____
_____

c)
3 · 3,20 € = ⬚ €
_____
_____
_____

d)
6,90 € : 3 = ⬚ €
690 ct : 3 = _____
600 ct : 3 = _____
90 ct : 3 = _____

e)
4,80 € : 2 = ⬚ €
_____
_____
_____

f)
8,08 € : 4 = ⬚ €
_____
_____
_____

Sachrechnen

 1 Welche Lösungshilfe passt? Male in der gleichen Farbe an und löse.
Eine Lösungshilfe bleibt übrig.

Mia geht zu Fuß zur Schule. Hin und zurück sind es 3 km.

F: Wie viele Kilometer geht sie in einem Schulmonat mit 22 Schultagen?

A: Mia geht in einem Monat mit 22 Schultagen _____ km . ◯

L:

_____ Uhr ——— 15 min ——→ 7.45 Uhr ◯

L:

Tage	Preis
1	3 €
2	6 €
3	
5	

◯

Anna geht um 7.45 Uhr von zu Hause weg. Sie ist 15 min später in der Schule.

F: Um wie viel Uhr kommt Anna in der Schule an?

A: Sie kommt um _____ Uhr an. ◯

L:

7.45 Uhr ——— ▢ min ——→ 15.00 Uhr ◯

Tom braucht für den Schulweg 15 min. Er kommt um 7.45 Uhr in der Schule an.

F: Um wie viel Uhr ist Tom von zu Hause weggegangen?

A: Er ist um _____ Uhr von zu Hause weggegangen. ◯

L:

Tage	Weg
1	3 km
2	6 km
20	
22	

◯

Jan isst in der Schule zu Mittag. Ein Essen kostet 3 €.

F: Wie viel Euro muss Jan in einer Schulwoche (5 Tage) bezahlen?

A: Er muss in einer Schulwoche _____ € bezahlen. ◯

L:

7.45 Uhr ——— 15 min ——→ _____ Uhr ◯

1 Welche Zahlen sind dargestellt? Schreibe auf.

a
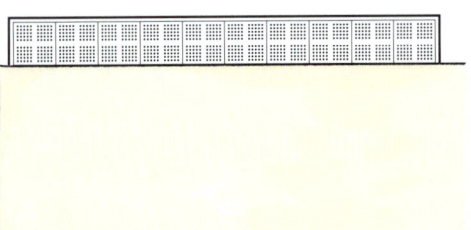

Zahl: _____

b

Zahl: _____

c
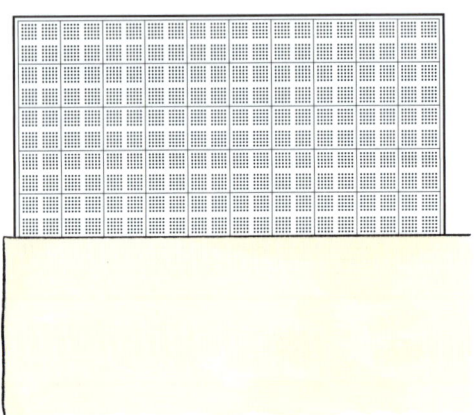

Zahl: _____

d
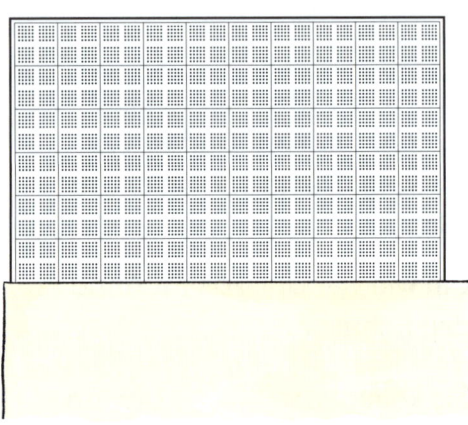

Zahl: _____

e
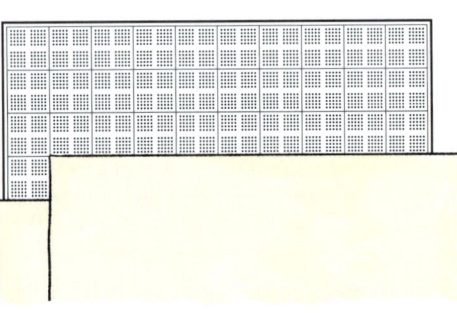

Zahl: _____

f
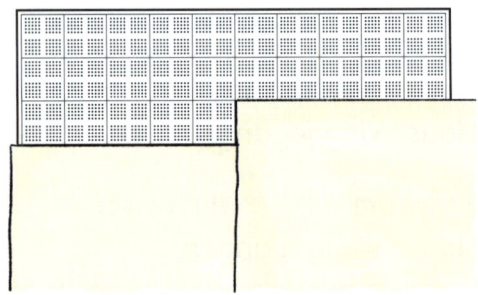

Zahl: _____

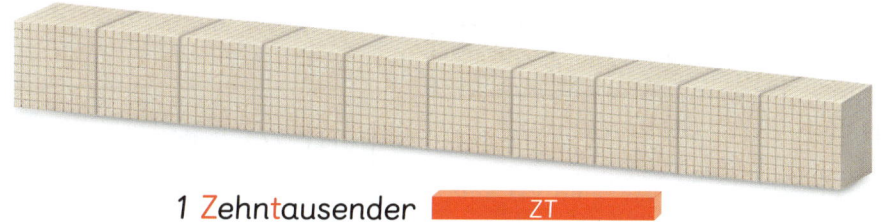

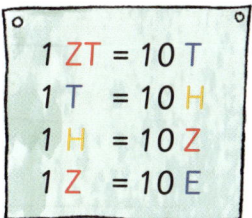

1 Zehntausender  ZT

1 ZT	= 10 T
1 T	= 10 H
1 H	= 10 Z
1 Z	= 10 E

1 Tausender ▪   1 Hunderter ▪   1 Zehner ———   1 Einer •

1 Lege, wechsle und schreibe mit Ziffern.

a
•
_1_ E   = _1_

b
••••• •••••   = ———
_10_ E   = _1_ Z = _10_

c
≡ ≡   = ▪
___ Z   = ___ H = _____

d
▪▪▪▪
▪▪▪▪▪▪   = ▪
___ H   = ___ T = _____

e
▪▪▪▪▪
▪▪▪▪▪   = ZT
___ T   = ___ ZT = _____

10 Zehntausender sind
1 Hunderttausender

f

___ ZT = 100 000

2 Lege die Zahlen nach und schreibe mit Ziffern.

a

_4_ H = _____

b

___ T = _____

c
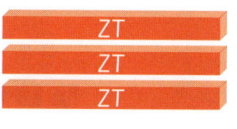
___ ZT = _____

Zahlen bis 100 000 darstellen

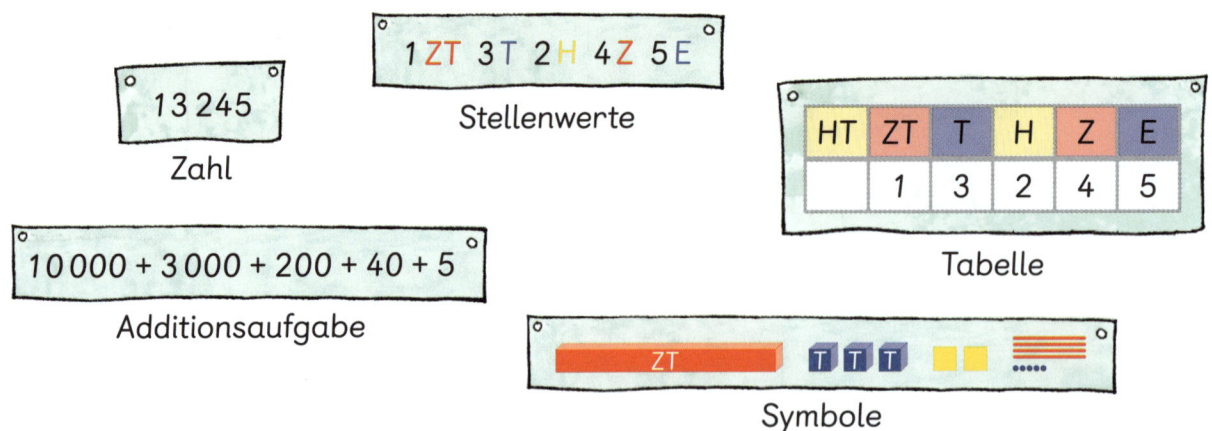

13 245
Zahl

1 ZT 3T 2H 4Z 5E
Stellenwerte

HT	ZT	T	H	Z	E
		1	3	2	4	5

Tabelle

10 000 + 3 000 + 200 + 40 + 5
Additionsaufgabe

Symbole

1️⃣ Schreibe jede Zahl mit Stellenwerten und als Additionsaufgabe.

a) 57 829 = <u>5 ZT 7T 8H 2Z 9E</u> = <u>50 000 +</u>

b) 34 162 = _____ = _____

c) 96 530 = _____ = _____

d) 60 606 = _____ = _____

2️⃣ Lege die Zahlen mit Symbolen nach. Fülle dann die Tabellen aus und schreibe mit Ziffern.

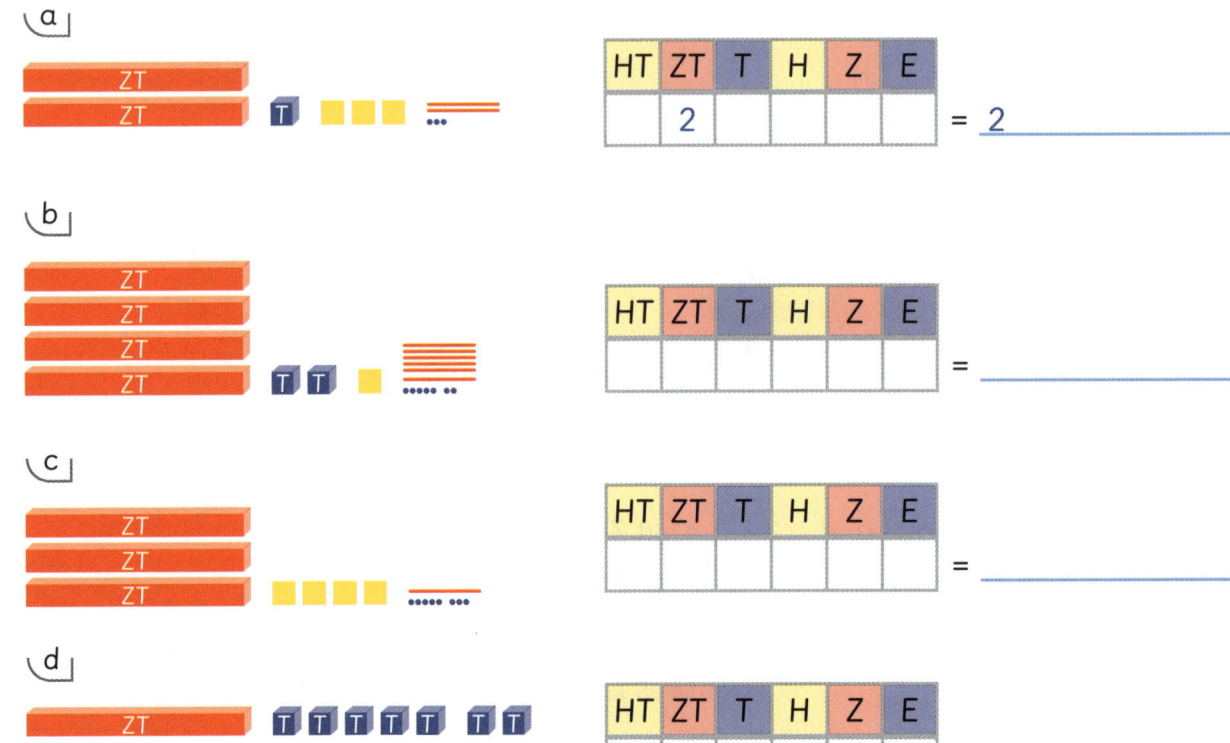

a)

HT	ZT	T	H	Z	E
	2					= 2 _____

b)

HT	ZT	T	H	Z	E
						= _____

c)

HT	ZT	T	H	Z	E
						= _____

d)

HT	ZT	T	H	Z	E
						= _____

2 Stellenwertsymbole (Beilage 3) verwenden

1 Finde passende Additions- und Subtraktionsaufgaben mit großen Zahlen.

a
$400 + 200 =$

$4\,000 + 2\,000 =$

$40\,000 + 20\,000 =$

b
$600 + 300 =$

$6\,000 +$

c
$100 + 600 =$

d
$300 + 700 =$

e
$500 - 300 =$

$5\,000 - 3\,000 =$

f
$800 - 700 =$

g
$1\,000 - 400 =$

h
$700 - 200 =$

2 Denke beim Rechnen an die kleine Aufgabe.

a
$20\,000 + 10\,000 =$

$40\,000 + 30\,000 =$

$70\,000 + 20\,000 =$

b
$30\,000 + 14\,000 =$

$20\,000 + 36\,000 =$

$60\,000 + 25\,000 =$

c
$52\,000 + 6\,000 =$

$83\,000 + 4\,000 =$

$38\,000 + 2\,000 =$

d
$60\,000 - 40\,000 =$

$90\,000 - 30\,000 =$

$70\,000 - 60\,000 =$

e
$40\,000 - 8\,000 =$

$80\,000 - 3\,000 =$

$50\,000 - 9\,000 =$

f
$30\,000 - 12\,000 =$

$60\,000 - 25\,000 =$

$80\,000 - 39\,000 =$

1 Finde passende Multiplikations- und Divisionsaufgaben mit großen Zahlen.

a

$3 \cdot 300 =$ _____

$3 \cdot 3\,000 =$ _____

$3 \cdot 30\,000 =$ _____

b

$2 \cdot 400 =$ _____

$2 \cdot$ _____

_____

c

$7 \cdot 100 =$ _____

_____

_____

d

$5 \cdot 200 =$ _____

_____

_____

e

$600 : 2 =$ _____

$6\,000 : 2 =$ _____

_____

_____

f

$800 : 4 =$ _____

_____

_____

g

$1\,000 : 5 =$ _____

_____

_____

h

$900 : 3 =$ _____

_____

_____

2 Rechne immer zuerst die kleine Aufgabe.

a

$6 \cdot 3 =$ _____

$6 \cdot 3\,000 =$ _____

b

_____

$5 \cdot 4\,000 =$ _____

c

_____

$8 \cdot 2\,000 =$ _____

d

_____

$3 \cdot 7\,000 =$ _____

e

$15 : 3 =$ _____

$1\,500 : 3 =$ _____

f

_____

$2\,800 : 7 =$ _____

g

_____

$24\,000 : 6 =$ _____

h

_____

$35\,000 : 5 =$ _____

1, 2 Ggf. Stellenwertsymbole (Beilagen 3 und 4) verwenden

Den Zahlenstrahl untersuchen

zu Heft 1, S. 25
zu Buch, S. 22

1

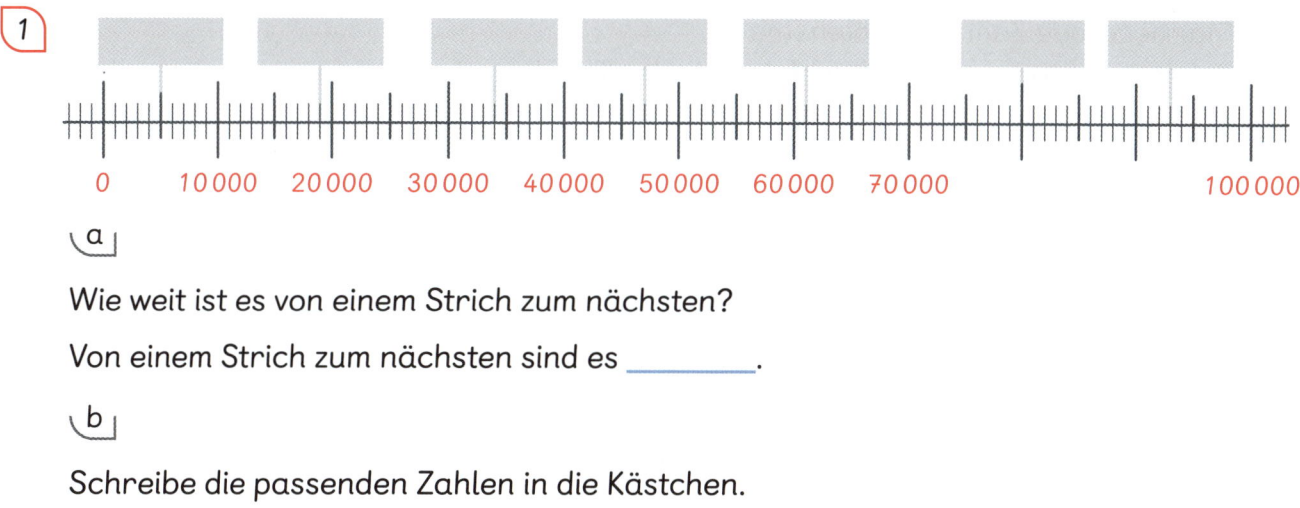

0
10 000
20 000
30 000
40 000
50 000
60 000
70 000
100 000

a) Wie weit ist es von einem Strich zum nächsten?

Von einem Strich zum nächsten sind es ________.

b) Schreibe die passenden Zahlen in die Kästchen.

2

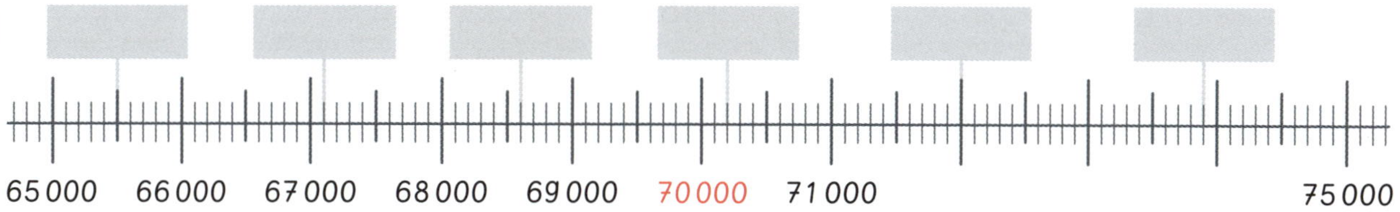

65 000
66 000
67 000
68 000
69 000
70 000
71 000
75 000

a) Wie weit ist es von einem Strich zum nächsten?

Von einem Strich zum nächsten sind es ________.

b) Schreibe die passenden Zahlen in die Kästchen.

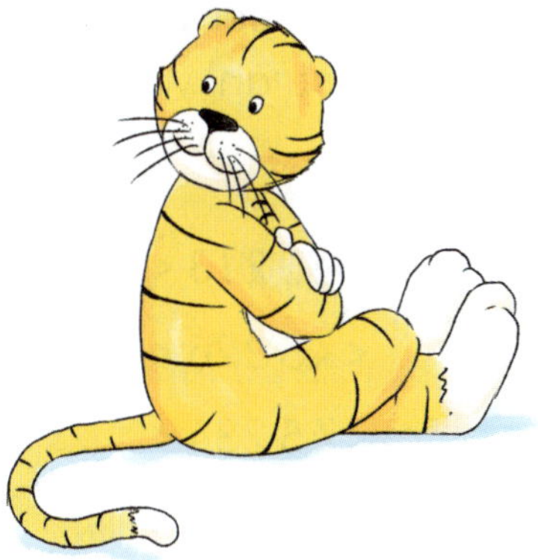

3 Schreibe jeweils vier weitere Zahlen auf.
Kontrolliere mit dem Zahlenstrahl von Aufgabe 1.

a) 12 000, 13 000, 14 000, ________, ________, ________, ________

b) 46 000, 47 000, 48 000, ________, ________, ________, ________

c) 100 000, 99 000, 98 000, ________, ________, ________, ________

4 Schreibe jeweils vier weitere Zahlen auf.
Kontrolliere mit dem Zahlenstrahl von Aufgabe 2.

a) 66 000, 66 100, 66 200, ________, ________, ________, ________

b) 71 500, 71 600, 71 700, ________, ________, ________, ________

c) 75 000, 74 900, 74 800, ________, ________, ________, ________

1, 2 Den Zahlenstrahl untersuchen und feststellen, wie weit der Sprung von einem Strich zum nächsten ist

1 Markiere jede Zahl am Zahlenstrahl.
Schreibe Vorgänger und Nachfolger in der Tabelle auf.

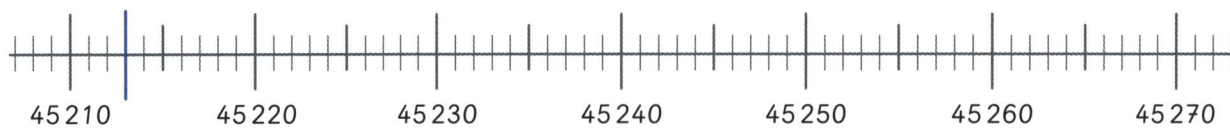

45 210   45 220   45 230   45 240   45 250   45 260   45 270

Vorgänger	Zahl	Nachfolger
45 212	45 213	
	45 226	
	45 234	
	45 240	
	45 252	
	45 259	
	45 267	
	45 271	

2 Schreibe zu jeder Zahl die beiden Nachbarzehner auf.
Der Zahlenstrahl von Aufgabe 1 hilft dir.

a)

< 45 213 <
< 45 226 <
< 45 234 <
< 45 240 <

b)

< 45 252 <
< 45 259 <
< 45 267 <
< 45 271 <

3 Markiere die Zahlen am Zahlenstrahl. Schreibe beide Nachbarhunderter auf.

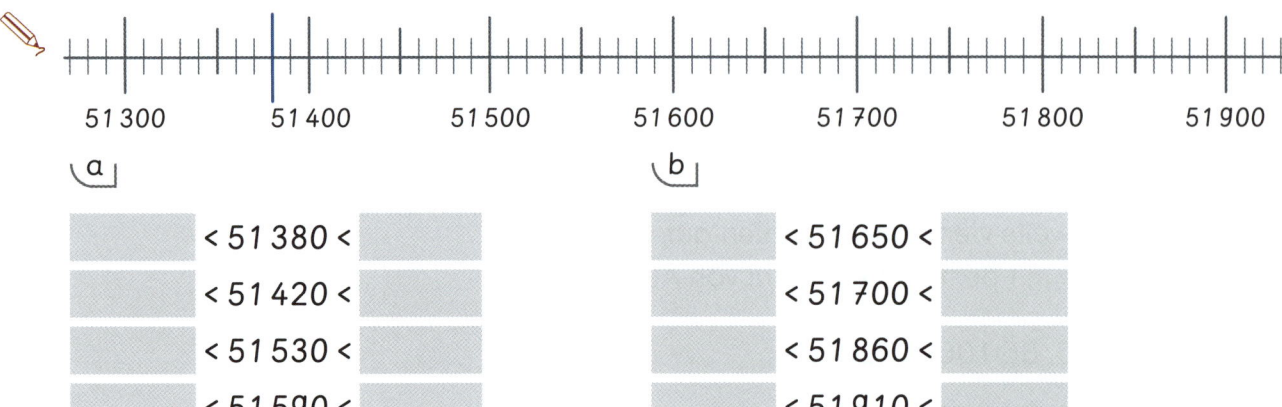

51 300   51 400   51 500   51 600   51 700   51 800   51 900

a)

< 51 380 <
< 51 420 <
< 51 530 <
< 51 590 <

b)

< 51 650 <
< 51 700 <
< 51 860 <
< 51 910 <

Zahlen bis 100 000 am Zahlenstrahl

1 Markiere die Zahlen am Zahlenstrahl. Schreibe beide Nachbartausender auf.

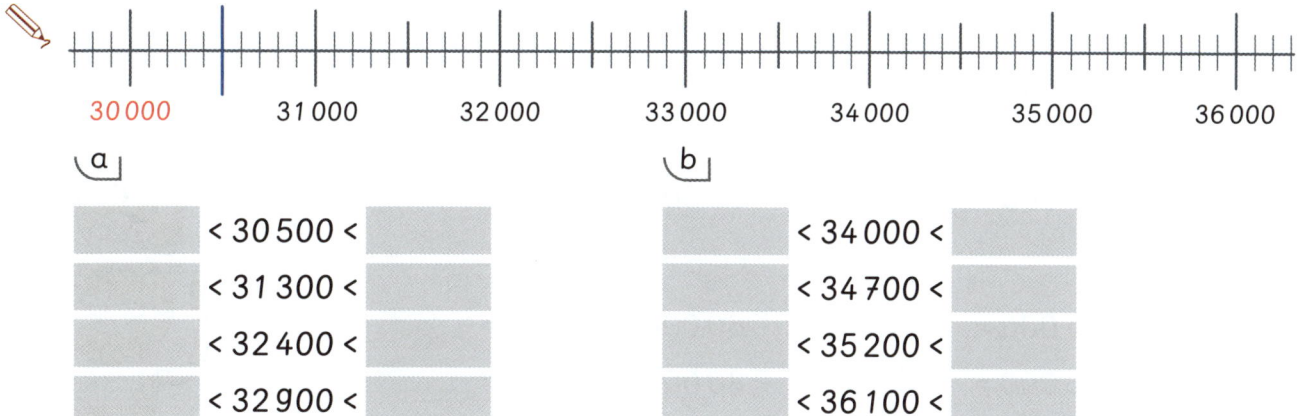

a |

	< 30 500 <	
	< 31 300 <	
	< 32 400 <	
	< 32 900 <	

b |

	< 34 000 <	
	< 34 700 <	
	< 35 200 <	
	< 36 100 <	

2 Markiere die Zahlen am Zahlenstrahl. Schreibe beide Nachbartausender auf.

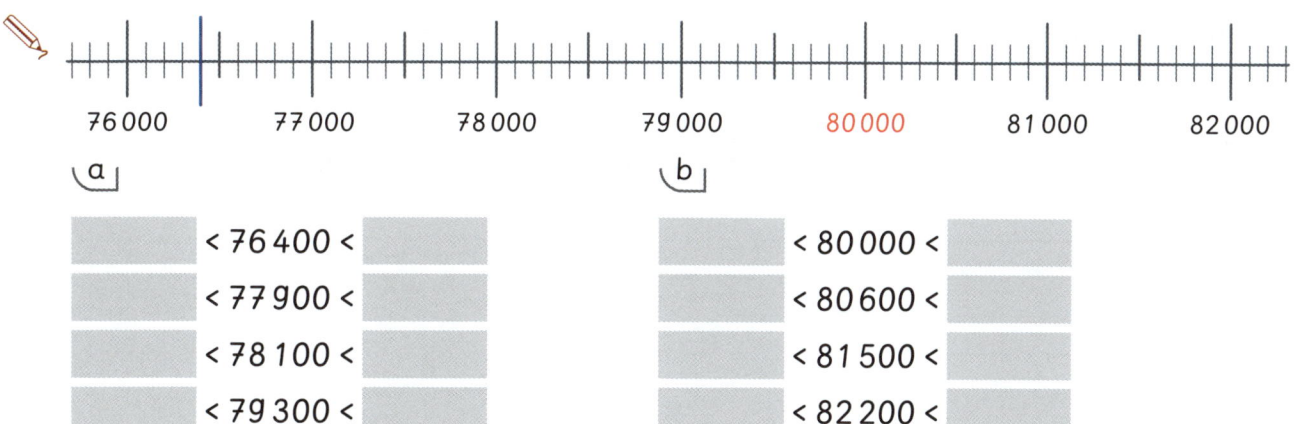

a |

	< 76 400 <	
	< 77 900 <	
	< 78 100 <	
	< 79 300 <	

b |

	< 80 000 <	
	< 80 600 <	
	< 81 500 <	
	< 82 200 <	

3 Markiere die Zahlen am Zahlenstrahl. Schreibe beide Nachbarzehntausender auf.

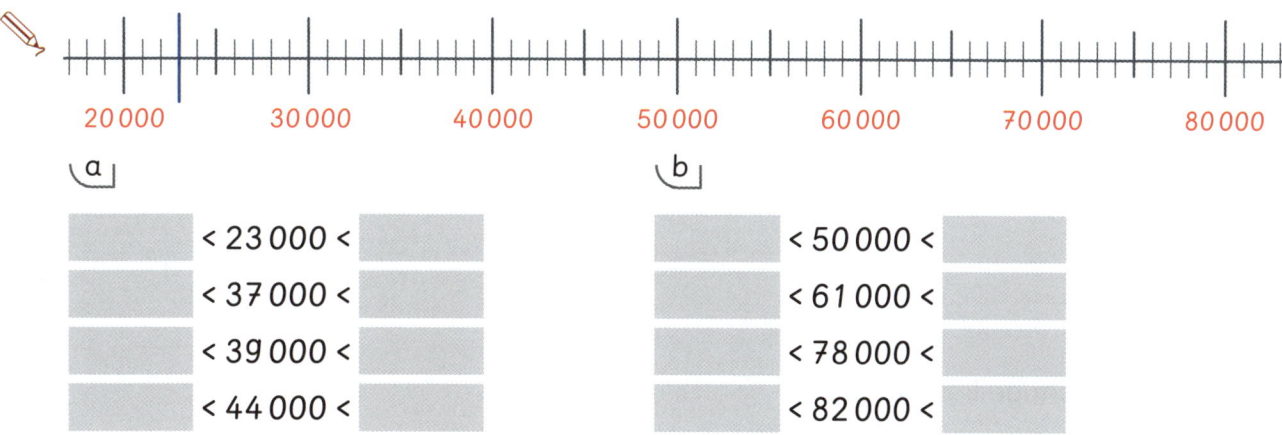

a |

	< 23 000 <	
	< 37 000 <	
	< 39 000 <	
	< 44 000 <	

b |

	< 50 000 <	
	< 61 000 <	
	< 78 000 <	
	< 82 000 <	

1 Rechne im Kopf.

Denke immer an
die kleine Aufgabe:
30 + 40 =

a)

30 000 + 40 000 = ▢
34 000 + 22 000 = ▢
41 000 + 56 000 = ▢

b)

18 000 + 23 000 = ▢
29 000 + 44 000 = ▢
55 000 + 35 000 = ▢

c)

48 000 – 14 000 = ▢
94 000 – 33 000 = ▢
67 000 – 27 000 = ▢

d)

60 000 – 26 000 = ▢
80 000 – 18 000 = ▢
50 000 – 43 000 = ▢

2 Rechne schriftlich.

a)

| 52 491 + 24 107 |

b)

| 38 264 + 16 528 |

c)

| 46 057 + 8 754 |

d)

| 36 825 – 12 321 |

e)

| 64 794 – 33 526 |

f)

| 72 481 – 6 395 |

3 Male die richtige Lösung an.

a)

3 · 20 000 =
60 000
50 000
6 000

b)

2 · 40 000 =
60 000
8 000
80 000

c)

4 · 3 000 =
1 200
12 000
120 000

18

Runden und überschlagen

1 Beachte die Rundungsregeln und runde …

a zum Zehner.

4<u>3</u>1 ≈ 　430

769 ≈

3 184 ≈

24 657 ≈

b zum Hunderter.

1 <u>6</u>29 ≈ 　1 600

5 094 ≈

84 265 ≈

39 723 ≈

Rundungsregeln:
Unterstreiche die Ziffer, zu der gerundet werden soll. Ist die Ziffer rechts davon kleiner als 5, wird abgerundet.

c zum Tausender.

<u>1</u> 658 ≈ 　2 000

4 309 ≈

68 037 ≈

99 596 ≈

d zum Zehntausender.

<u>3</u>6 564 ≈ 　40 000

51 293 ≈

14 067 ≈

45 241 ≈

2 Runde die Zahlen zur höchsten Stelle und rechne einen Überschlag.
Löse dann schriftlich.

a 4 751 + 3 135

Ü: <u>5 000 + 3 000 =</u>

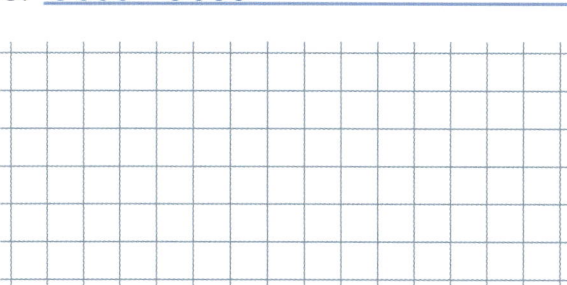

b 48 167 + 19 615

Ü:

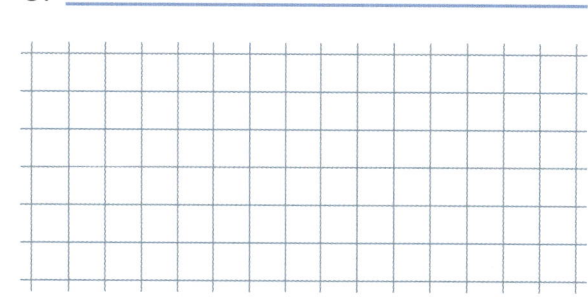

c 6 715 – 1 503

Ü:

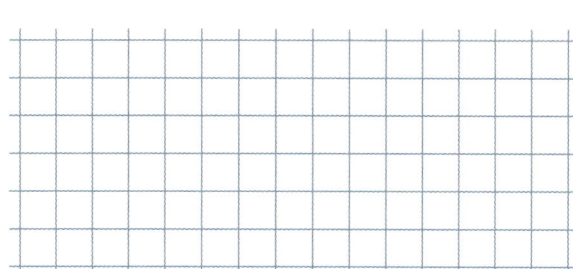

d 80 947 – 31 729

Ü:

1 Schreibe mit Komma.

1 kg	100 g	10 g	1 g	
2	3	4	5	= 2,345 kg
1	7	5	0	=
3	0	0	5	=
0	5	5	0	=
4	9	9	9	=
5	1	8	2	=

Das Komma trennt Kilogramm und Gramm.

2 Schreibe ...

a

in gemischter Schreibweise.

1,100 kg = _1 kg 100 g_

1,250 kg = _____

0,750 kg = _____

0,025 kg = _____

0,001 kg = _____

b

in Gramm.

1 kg 575 g = _1 575 g_

1 kg 950 g = _____

2 kg 250 g = _____

0 kg 500 g = _____

3 kg   1 g = _____

c

in gemischter Schreibweise.

2 510 g = _2 kg 510 g_

1 990 g = _____

1 050 g = _____

2 002 g = _____

  555 g = _____

d

mit Komma.

1 850 g = _1,850 kg_

1 670 g = _____

2 020 g = _____

  250 g = _____

   10 g = _____

3 Immer zwei Karten passen zusammen. Male sie in der gleichen Farbe an.
 Achtung: Zwei Karten bleiben übrig.

1 kg	½ kg	¼ kg	¾ kg

5 000 g		500 g	

1 000 g	750 g	100 g	250 g

1 Schreibe mit Komma.

1 t	100 kg	10 kg	1 kg	
1	2	3	5	= 1,235 t
2	5	1	0	=
1	0	0	1	=
0	3	5	0	=
3	8	8	8	=
4	6	5	5	=

Das Komma trennt Tonne und Kilogramm.

2 Schreibe ...

a

in gemischter Schreibweise.

1,725 t = 1 t 725 kg

1,150 t = _____

0,570 t = _____

0,057 t = _____

0,004 t = _____

b

in Kilogramm.

1 t 200 kg = 1 200 kg

1 t 950 kg = _____

2 t 531 kg = _____

0 t 250 kg = _____

4 t   7 kg = _____

c

in gemischter Schreibweise.

1 460 kg = 1 t 460 kg

2 990 kg = _____

1 010 kg = _____

3 003 kg = _____

30 kg = _____

d

mit Komma.

1 650 kg = 1,650 t

1 999 kg = _____

3 050 kg = _____

305 kg = _____

77 kg = _____

3 Immer zwei Karten passen zusammen. Male sie in der gleichen Farbe an.
Achtung: Zwei Karten bleiben übrig.

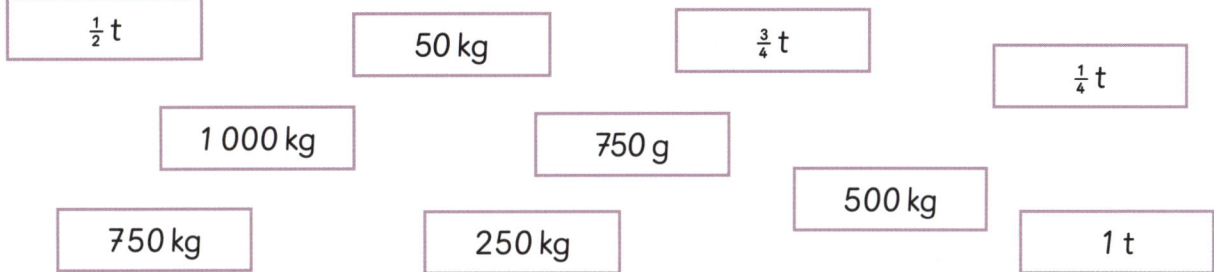

$\frac{1}{2}$ t   50 kg $\frac{3}{4}$ t $\frac{1}{4}$ t

1 000 kg   750 g   500 kg

750 kg   250 kg   1 t

1 Herr Fischer bringt 20 t Zuckerrüben in die Fabrik. Aus 1 t Zuckerrüben kann man etwa 160 kg Zucker herstellen.

F: Wie viel Kilogramm Zucker kann man mit Herrn Fischers Zuckerrüben herstellen?

L:

Ich rechne eine Malaufgabe.

A: _____

_____

2 Mia hat ein kleines Kartoffelbeet. Sie erntete im letzten Jahr rund 12 kg Kartoffeln. 9 Kartoffeln wiegen etwa 1 kg. Für die Herstellung einer Tüte Kartoffelchips (150 g) benötigt man etwa 6 Kartoffeln.

F: Wie viele Tüten Kartoffelchips (150 g) kann man mit Mias Kartoffeln herstellen?

L:

Ich rechne zuerst mal, dann geteilt.

A: _____

_____

3 Mia überlegt, wie viele Tüten Kartoffelchips (150 g) man aus 900 Kartoffeln (= 100 kg) herstellen kann. Dazu zeichnet sie eine Tabelle. Ergänze Mias Tabelle.

Anzahl der Kartoffeln	6	30	60	90	300	600	900
Anzahl der Tüten	1	5					

A: Aus 900 Kartoffeln (= 100 kg) kann man _____ Tüten Chips herstellen.

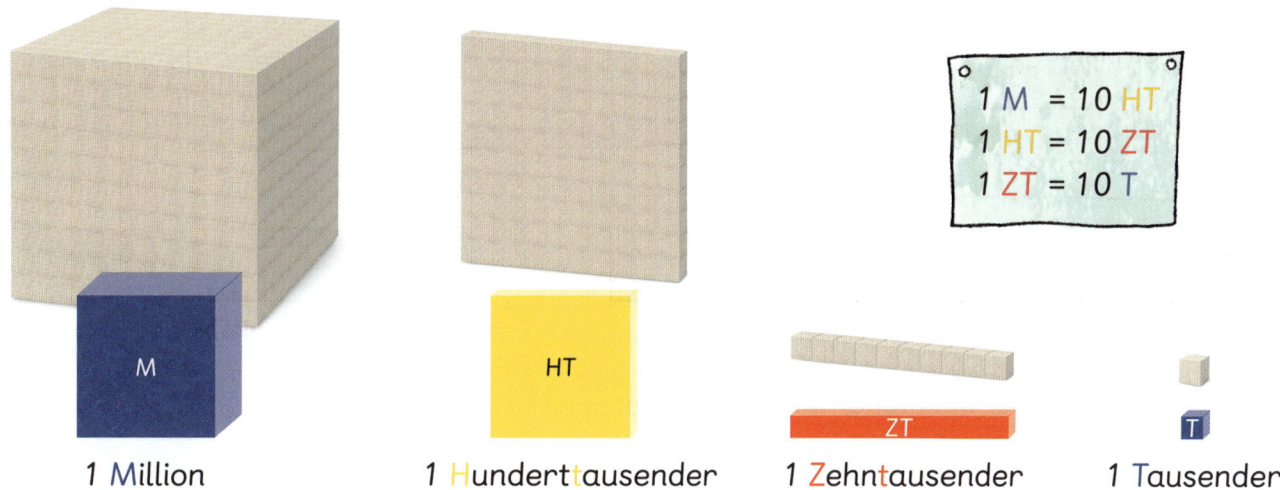

1 M = 10 HT
1 HT = 10 ZT
1 ZT = 10 T

1 Million   1 Hunderttausender   1 Zehntausender   1 Tausender

1 Lege die Zahlen nach. Schreibe dann mit Stellenwerten, als Additionsaufgabe und als Zahl.

a)

3 HT 4 ZT 7 T   =   300 000 + 40 000 + 7 000   =   347 000

b)

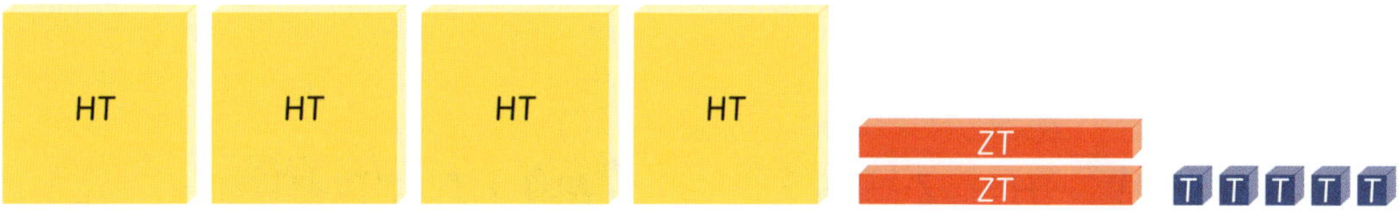

_____ = _____ = _____

c)

_____ = _____ = _____

d)

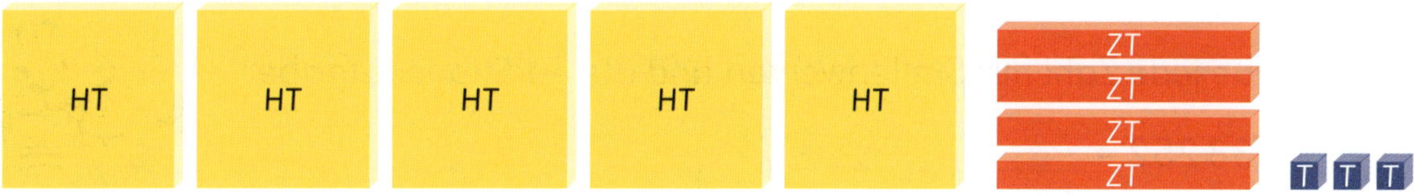

_____ = _____ = _____

Zahlen bis 1 000 000 darstellen

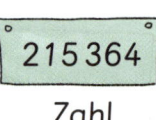

215 364

Zahl

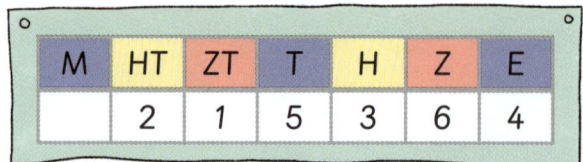

M	HT	ZT	T	H	Z	E
	2	1	5	3	6	4

Tabelle

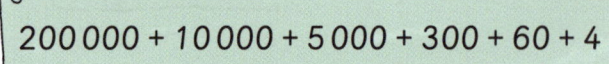

200 000 + 10 000 + 5 000 + 300 + 60 + 4

Additionsaufgabe

2 HT 1 ZT 5 T 3 H 6 Z 4 E

Stellenwerte

1 Trage jede Zahl in die Stellenwerttabelle ein.

a

275 769

M	HT	ZT	T	H	Z	E

b

908 503

M	HT	ZT	T	H	Z	E

c

352 352

M	HT	ZT	T	H	Z	E

d

700 707

M	HT	ZT	T	H	Z	E

2 Schreibe als Additionsaufgabe.

a

M	HT	ZT	T	H	Z	E
		8	1	7	5	3

80 000 + _____

b

M	HT	ZT	T	H	Z	E
		2	6	4	9	5

_____

c

M	HT	ZT	T	H	Z	E
	4	0	8	9	0	1

_____

d

M	HT	ZT	T	H	Z	E
	8	5	0	3	6	0

_____

3 Schreibe jede Zahl mit Stellenwerten und als Additionsaufgabe.

a 138 252 = _____

= _____

b 490 827 = _____

= _____

Rechnen mit großen Zahlen

1 Finde passende Additions- und Subtraktionsaufgaben mit großen Zahlen.

a)

$3\,000 + 4\,000 =$ ____

$30\,000 + 40\,000 =$ ____

$300\,000 + 400\,000 =$ ____

b)

$2\,000 + 7\,000 =$ ____

$20\,000 +$ ____

____

c)

$8\,000 - 3\,000 =$ ____

$80\,000 - 30\,000 =$ ____

____

d)

$6\,000 - 5\,000 =$ ____

____

____

2 Finde passende Multiplikations- und Divisionsaufgaben mit großen Zahlen.

a)

$4 \cdot 2\,000 =$ ____

$4 \cdot 20\,000 =$ ____

$4 \cdot 200\,000 =$ ____

b)

$2 \cdot 3\,000 =$ ____

$2 \cdot$ ____

____

c)

$8\,000 : 2 =$ ____

$80\,000 : 2 =$ ____

____

d)

$9\,000 : 3 =$ ____

____

____

3 Denke beim Rechnen an die kleine Aufgabe.

a)

$400\,000 + 500\,000 =$ ____

$100\,000 + 700\,000 =$ ____

b)

$600\,000 - 200\,000 =$ ____

$900\,000 - 300\,000 =$ ____

c)

$500\,000 + 30\,000 =$ ____

$200\,000 + 90\,000 =$ ____

d)

$400\,000 - 50\,000 =$ ____

$200\,000 - 30\,000 =$ ____

e)

$5 \cdot 200\,000 =$ ____

$2 \cdot 400\,000 =$ ____

f)

$600\,000 : 3 =$ ____

$1\,000\,000 : 2 =$ ____

1 Überlege zuerst, wie weit es von einem Strich zum nächsten ist.
Schreibe dann passende Zahlen in die Kästchen.

a

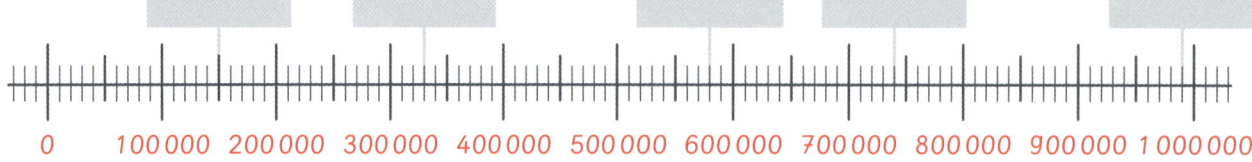

0   100 000   200 000   300 000   400 000   500 000   600 000   700 000   800 000   900 000   1 000 000

Von einem Strich zum nächsten sind es _____.

b

0   100 000   200 000   300 000   400 000   500 000   600 000   700 000   800 000   900 000   1 000 000

700 000   710 000   720 000   730 000   740 000   750 000   760 000   770 000   780 000   790 000   800 000

Von einem Strich zum nächsten sind es _____.

c

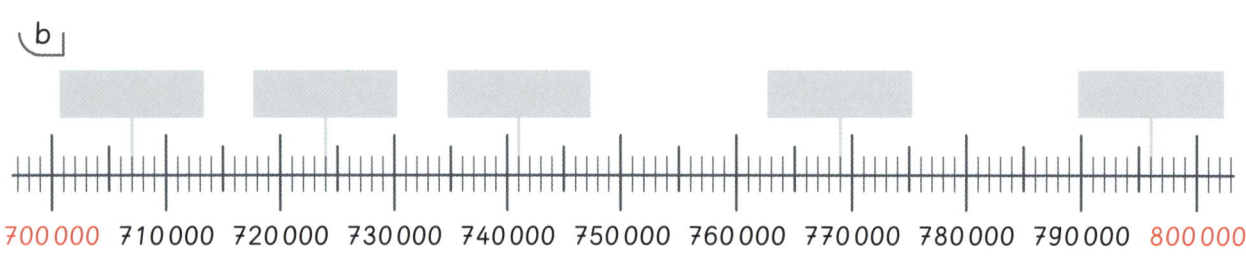

790 000   791 000   792 000   793 000   794 000   795 000   796 000   797 000   798 000   799 000   800 000

Von einem Strich zum nächsten sind es _____.

d

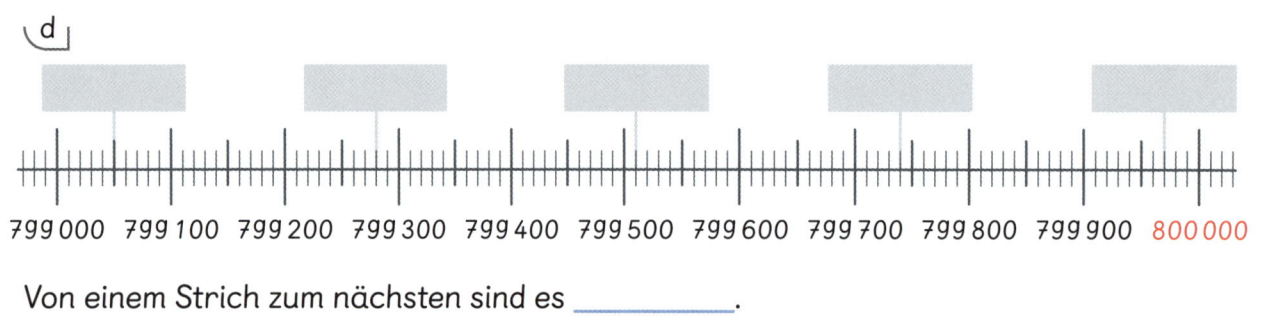

799 000   799 100   799 200   799 300   799 400   799 500   799 600   799 700   799 800   799 900   800 000

Von einem Strich zum nächsten sind es _____.

e

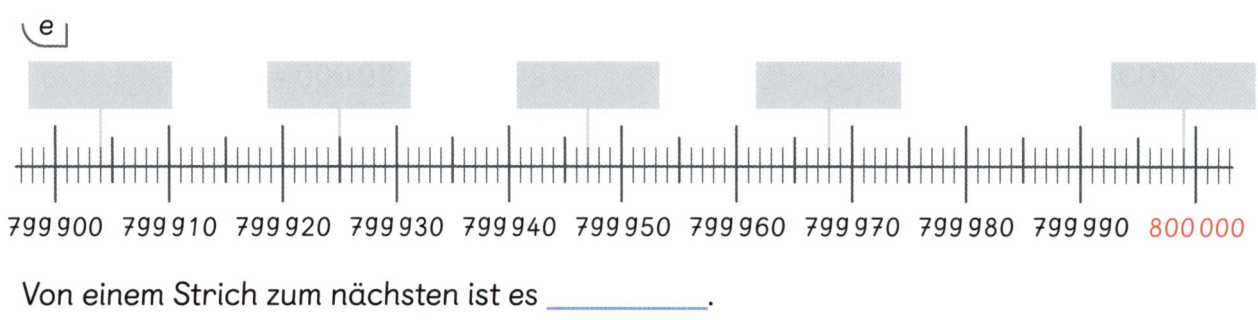

799 900   799 910   799 920   799 930   799 940   799 950   799 960   799 970   799 980   799 990   800 000

Von einem Strich zum nächsten ist es _____.

1 Den Zahlenstrahl untersuchen und feststellen, wie weit der Sprung von einem Strich zum nächsten ist

Nachbarzahlen und Zahlenfolgen

1 Markiere die Zahlen am Zahlenstrahl. Schreibe beide Nachbarzehntausender auf.

230 000   240 000   250 000   260 000   270 000   280 000   290 000

a

	< 233 000 <	
	< 245 000 <	
	< 251 000 <	
	< 259 000 <	

b

	< 264 000 <	
	< 270 000 <	
	< 288 000 <	
	< 292 000 <	

2 Markiere die Zahlen am Zahlenstrahl. Schreibe beide Nachbarhunderttausender auf.

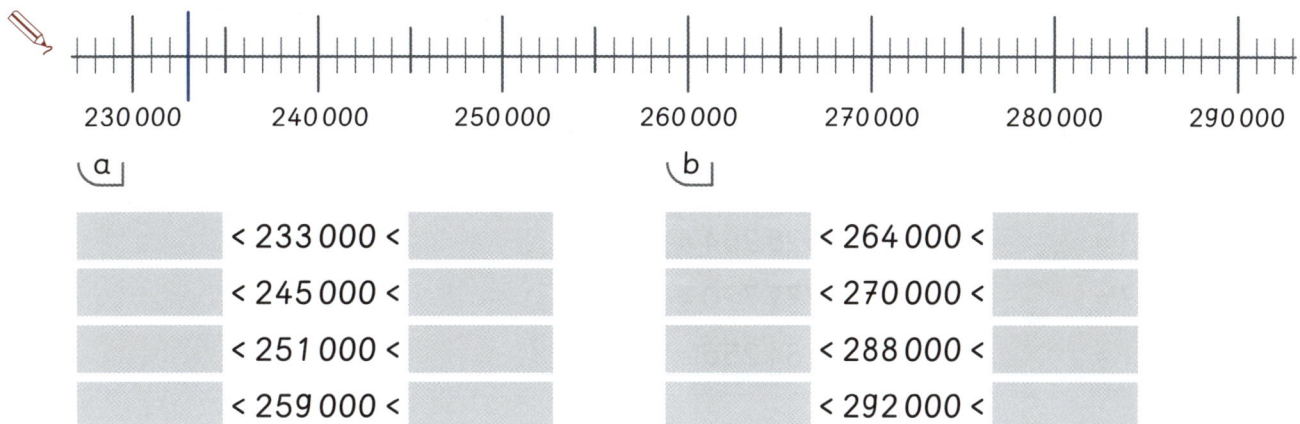

300 000   400 000   500 000   600 000   700 000   800 000   900 000

a

	< 380 000 <	
	< 440 000 <	
	< 590 000 <	
	< 600 000 <	

b

	< 630 000 <	
	< 710 000 <	
	< 850 000 <	
	< 920 000 <	

3 Schreibe zu den Zahlen in der Tabelle die Nachbarzehntausender (NZT) und die Nachbarhunderttausender (NHT).

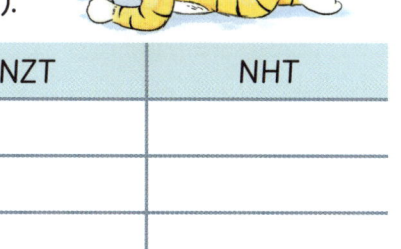

NHT	NZT	Zahl	NZT	NHT
		377 000		
		630 000		
		705 600		
		982 400		

4 Finde zu jeder Zahlenfolge die Regel.

a 610 000, 620 000, 630 000, 640 000, 650 000

Regel: Immer _____

b 800 000, 750 000, 700 000, 650 000, 600 000

Regel: Immer _____

1 Beachte die Rundungsregeln und runde ...

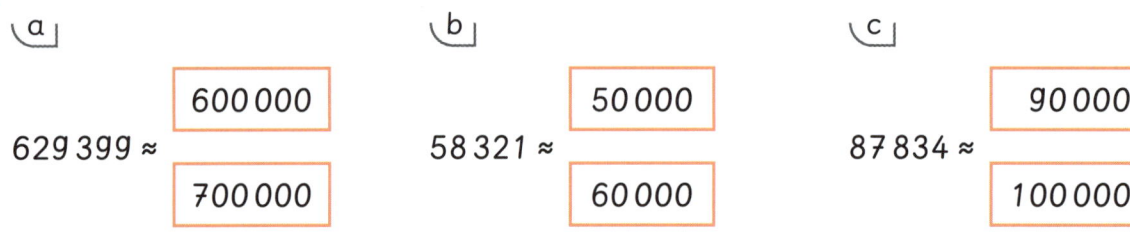

Bis 4 wird abgerundet, ab 5 wird aufgerundet.

a

zum Hunderttausender.

3̲12 564 ≈ 300 000

571 293 ≈ _____

143 067 ≈ _____

457 241 ≈ _____

b

zum Zehntausender.

27̲8 523 ≈ 280 000

625 964 ≈ _____

777 770 ≈ _____

184 256 ≈ _____

c

zum Tausender.

529̲ 130 ≈ 529 000

683 456 ≈ _____

204 703 ≈ _____

993 612 ≈ _____

2 Die Zahlen wurden zur höchsten Stelle gerundet.
Welche Zahl passt? Male sie an.

a

629 399 ≈

| 600 000 |
| 700 000 |

b

58 321 ≈

| 50 000 |
| 60 000 |

c

87 834 ≈

| 90 000 |
| 100 000 |

3 Runde die Zahlen zur höchsten Stelle und rechne einen Überschlag.
Löse dann schriftlich. Vergleiche dein Ergebnis mit dem Überschlag.

a

134 751 + 283 135

Ü: _____

b

448 167 + 69 615

Ü: _____

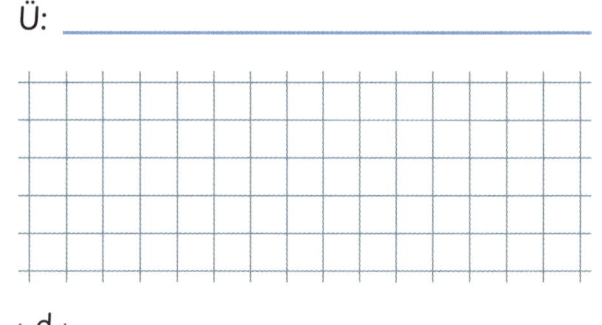

c

684 715 – 241 503

Ü: _____

d

536 947 – 88 729

Ü: _____

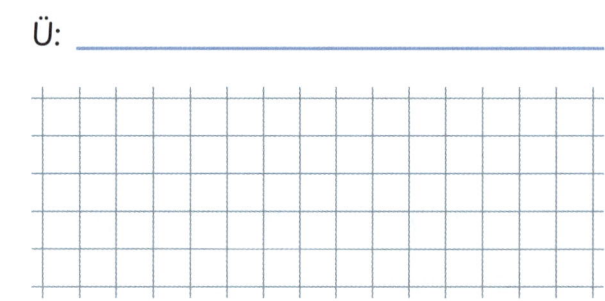

1 Die Tabelle zeigt die Einwohnerzahlen von vier Städten in Deutschland.

Stadt	Frankfurt	Leipzig	Bonn	Saarbrücken
Einwohner	763 380	593 145	329 673	180 374

 a

Runde die Einwohnerzahlen zum Zehntausender. Übertrage die gerundeten Zahlen in die Stellenwerttabellen.

Frankfurt: 7<u>6</u>3 380 ≈ _____

M	HT	ZT	T	H	Z	E

Leipzig: _____ ≈ _____

M	HT	ZT	T	H	Z	E

Bonn: _____ ≈ _____

M	HT	ZT	T	H	Z	E

Saarbrücken: _____ ≈ _____

M	HT	ZT	T	H	Z	E

b

Stelle die gerundeten Zahlen der vier Städte mit Symbolen dar.

𝝣 für je 100 000 Einwohner   • für je 10 000 Einwohner

Frankfurt: _____   Leipzig: _____

Bonn: _____   Saarbrücken: _____

2 Zeichne ein Balkendiagramm für die gerundeten Einwohnerzahlen der vier Städte.
100 000 Einwohner entsprechen 1 cm Balkenlänge, 10 000 Einwohner entsprechen
1 mm Balkenlänge.

Rechter Winkel

zu Heft 2, S. 12
zu Buch, S. 42

1

Stelle einen Faltwinkel her. Kennzeichne den rechten Winkel mit ⦜.

Finde mit Hilfe des Faltwinkels rechte Winkel und kennzeichne sie mit ⦜.

2 Kennzeichne in den Figuren alle rechten Winkel mit ⦜.

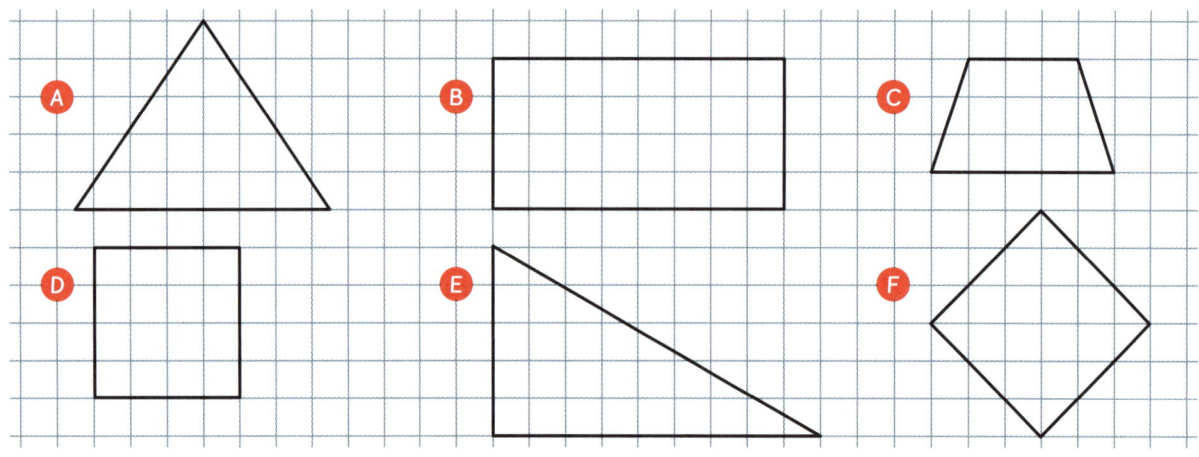

3 Zeichne nur die Figuren mit rechten Winkeln von Aufgabe 2 genau ab.

1 Lege ein Geodreieck auf die parallelen Linien. Verschiebe das Geodreieck und zeichne noch zwei parallele Linien dazu.

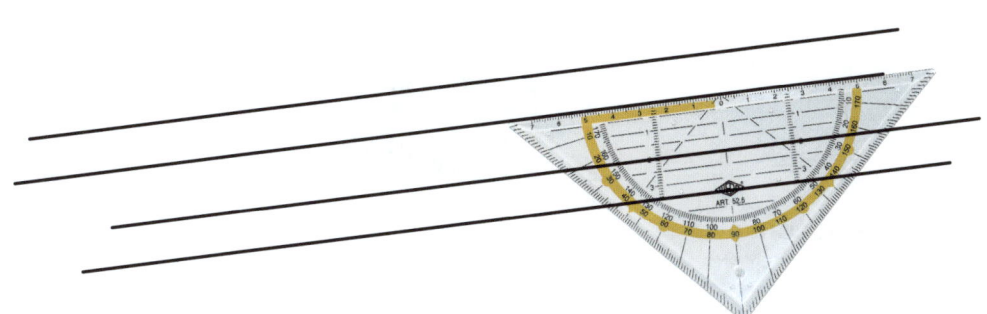

2 Überprüfe mit dem Geodreieck, ob die Linien parallel sind. Kennzeichne parallele Linien in der gleichen Farbe.

a

b

c

d
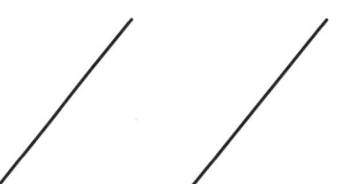

3 Finde in den Figuren parallele Linien. Kennzeichne sie in der gleichen Farbe.

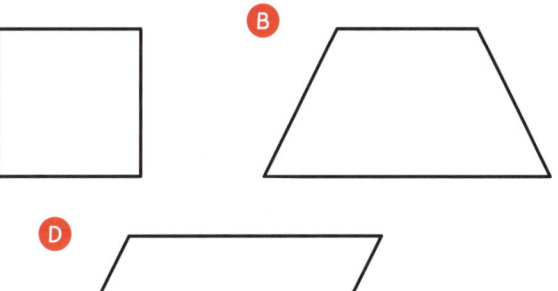

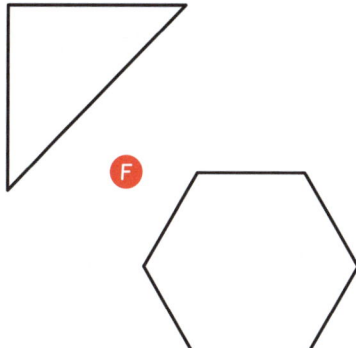

1 Schreibe die Namen der Vierecke auf.

Trapez

Quadrat

Rechteck

Parallelogramm

_____   _____

_____   _____

2 Zeichne ...

a

ein Rechteck.

b

ein Quadrat.

c

ein Trapez.

d

ein Parallelogramm.

3 Spure nur die Quadrate nach. Wie viele sind es?

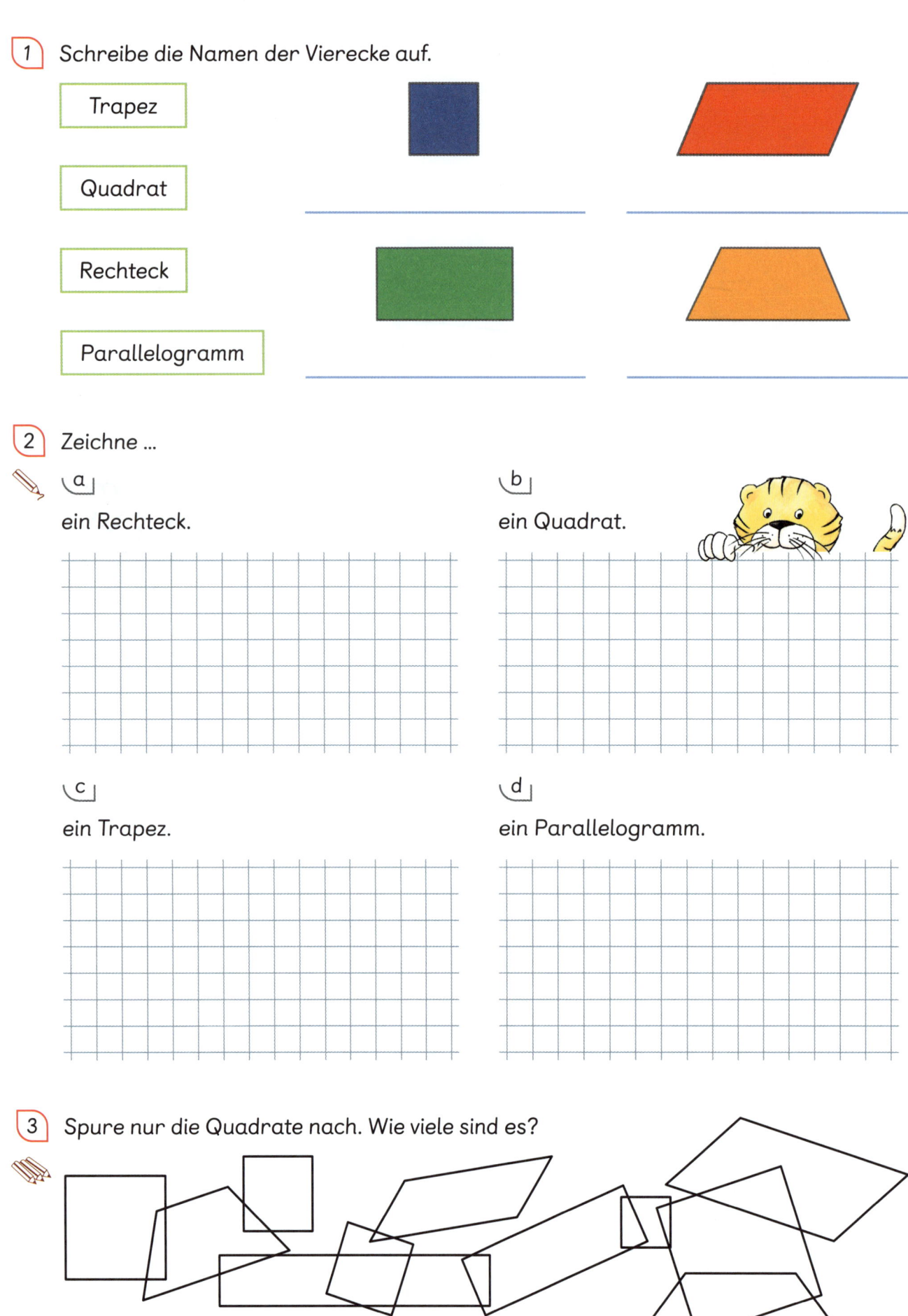

Es sind _____ Quadrate.

Kilometer und Meter – Kommaschreibweise

1 Schreibe mit Komma.

1 km	100 m	10 m	1 m	
1	5	6	2	= 1,562 km
4	1	9	0	=
8	0	0	8	=
0	7	4	0	=
3	4	8	6	=
2	6	1	1	=

Das Komma trennt Kilometer und Meter.

2 Schreibe …

a in gemischter Schreibweise.

1,275 km = __1 km 275 m__

1,130 km = _____

0,690 km = _____

0,084 km = _____

0,002 km = _____

b in Meter.

1 km 900 m = __1 900 m__

1 km 450 m = _____

3 km 267 m = _____

0 km 750 m = _____

5 km   8 m = _____

c in gemischter Schreibweise.

1 740 m = __1 km 740 m__

9 280 m = _____

6 060 m = _____

2 003 m = _____

50 m = _____

d mit Komma.

1 350 m = __1,350 km__

1 444 m = _____

7 050 m = _____

150 m = _____

88 m = _____

3 Immer zwei Karten passen zusammen. Verbinde.
Achtung: Eine Karte bleibt übrig.

1 km	$\frac{1}{2}$ km	$\frac{3}{4}$ km	$\frac{1}{4}$ km	50 m

250 m	750 m	1000 m	500 m

1

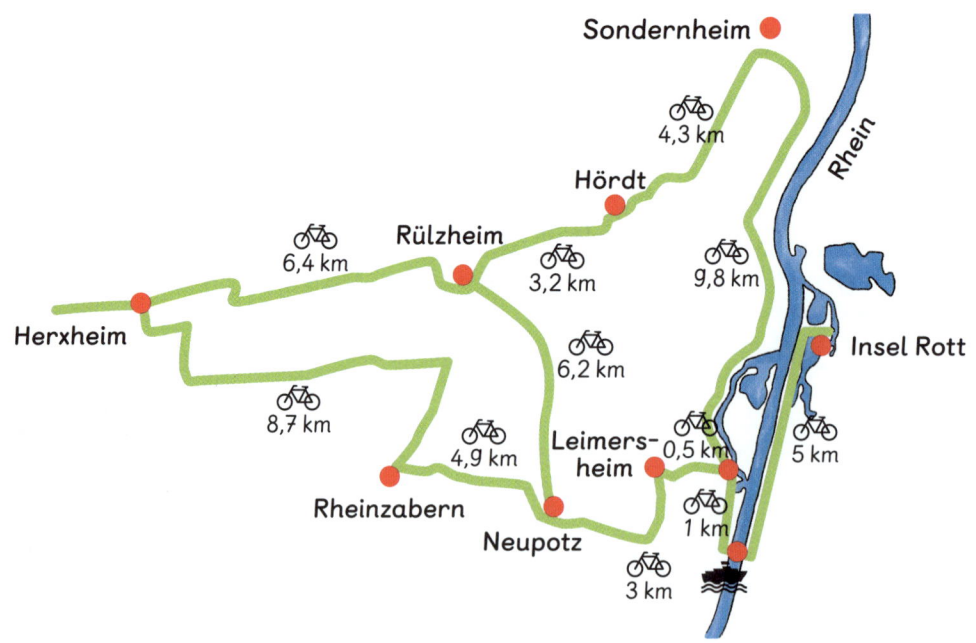

Wie weit sind die Orte voneinander entfernt?
Schreibe mit Komma und in gemischter Schreibweise.

Herxheim–Rülzheim   6,400 km = 6 km 400 m

Hördt–Sondernheim   _____

Rheinzabern–Herxheim   _____

Neupotz–Rülzheim   _____

2 Zeige zuerst die Fahrtstrecke auf der Karte. Schreibe dann einen Lösungsweg (L)
und eine Antwort (A) auf.

 a

Familie Ziegler fährt morgens mit dem
Rad von Sondernheim nach Hördt und
abends zurück.

F: Wie viele Kilometer fährt die Familie
insgesamt?

L:

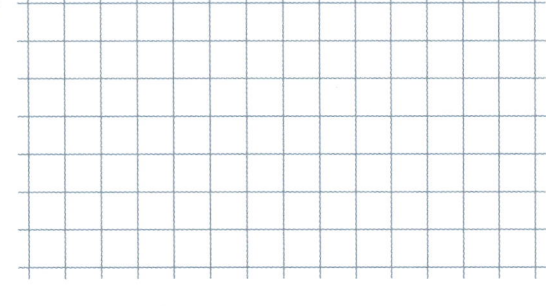

A: _____

_____

b

Herr May macht eine Radtour von
Rülzheim über Neupotz, Rheinzabern
und Herxheim zurück nach Rülzheim.

F: Wie viele Kilometer fährt Herr May
insgesamt?

L:

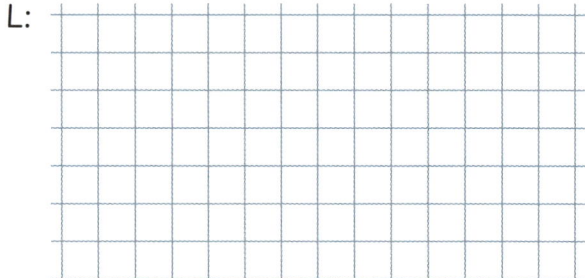

A: _____

_____

1 Ergänze die Tabelle.

	M	HT	ZT	T	H	Z	E
$1 \cdot 5 =$							5
$10 \cdot 5 =$							
$100 \cdot 5 =$							
$1\,000 \cdot 5 =$							
$10\,000 \cdot 5 =$							
$100\,000 \cdot 5 =$							

Eine Null anhängen? Das heißt „mal 10" rechnen.

2 Rechne.

a

$3 \cdot 2 =$

$30 \cdot 2 =$

$300 \cdot 2 =$

$3\,000 \cdot 2 =$

$30\,000 \cdot 2 =$

$300\,000 \cdot 2 =$

b

$2 \cdot 4 =$

$20 \cdot 4 =$

$200 \cdot 4 =$

$2\,000 \cdot 4 =$

$20\,000 \cdot 4 =$

$200\,000 \cdot 4 =$

c

$4 \cdot 3 =$

$40 \cdot 3 =$

$400 \cdot 3 =$

$4\,000 \cdot 3 =$

$40\,000 \cdot 3 =$

3 Rechne. Denke an die kleine Aufgabe.

a

$200 \cdot 8 =$

$600 \cdot 2 =$

$400 \cdot 5 =$

b

$5\,000 \cdot 3 =$

$7\,000 \cdot 6 =$

$9\,000 \cdot 2 =$

c

$80\,000 \cdot 6 =$

$10\,000 \cdot 4 =$

$40\,000 \cdot 9 =$

4 Rechne halbschriftlich.

a

$4\,321 \cdot 2 =$

$4\,000 \cdot 2 = 8\,000$

$300 \cdot 2 =$

b

$2\,132 \cdot 3 =$

c

$12\,702 \cdot 5 =$

35

1

H	Z	E
4	3	2	· 2

T	H	Z	E
			4
		6	0
	8	0	0
	8	6	4

Ich rechne in Stellenwerten und beginne bei den Einern. Zum Schluss addiere ich die Zahlen.

Multipliziere schriftlich in einer Stellenwerttabelle.

a

H	Z	E
4	3	2	· 2

T	H	Z	E
			4

b

H	Z	E
3	1	1	· 3

T	H	Z	E

c

H	Z	E
4	2	2	· 4

T	H	Z	E

d

H	Z	E
5	0	8	· 2

T	H	Z	E

e

T	H	Z	E
2	1	2	1	· 4

ZT	T	H	Z	E

f

T	H	Z	E
5	2	3	3	· 3

ZT	T	H	Z	E

g

T	H	Z	E
1	1	0	5	· 5

ZT	T	H	Z	E

h

T	H	Z	E
2	0	3	1	· 6

ZT	T	H	Z	E

2

H	Z	E
7	1	3	· 2

T	H	Z	E
1	4	2	6

Ich rechne mit der Kurzschreibweise und beginne mit den Einern.

a

H	Z	E
7	1	3	· 2

T	H	Z	E
			6

b

H	Z	E
4	2	3	· 3

T	H	Z	E

c

H	Z	E
6	1	1	· 5

T	H	Z	E

d

H	Z	E
5	1	2	· 4

T	H	Z	E

1

H	Z	E
2	1	3	· 5

T	H	Z	E
	1	0	6	5

Ich rechne in Stellenwerten und beginne bei den Einern. Den Übertrag zeige ich mit den Fingern.

Multipliziere schriftlich in einer Stellenwerttabelle. Denke an den Übertrag.

a)

H	Z	E
2	1	3	· 5

T	H	Z	E
			5

b)

H	Z	E
5	1	6	· 6

| T | H | Z | E |

c)
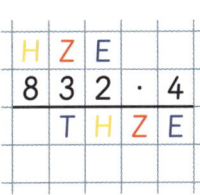

H	Z	E
8	3	2	· 4

| T | H | Z | E |

d)

H	Z	E
7	9	3	· 2

| T | H | Z | E |

e)
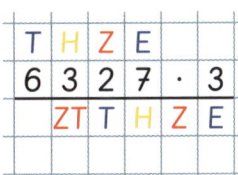

T	H	Z	E
6	3	2	7	· 3

| ZT | T | H | Z | E |

f)

T	H	Z	E
8	1	1	5	· 5

| ZT | T | H | Z | E |

g)
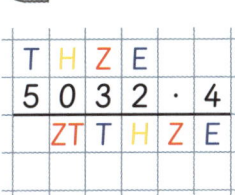

T	H	Z	E
5	0	3	2	· 4

| ZT | T | H | Z | E |

h)

T	H	Z	E
3	1	4	0	· 6

| ZT | T | H | Z | E |

i)

ZT	T	H	Z	E
9	1	2	3	8	· 2

| HT | ZT | T | H | Z | E |

j)

ZT	T	H	Z	E
6	2	1	2	3	· 4

| HT | ZT | T | H | Z | E |

k)

ZT	T	H	Z	E
5	2	0	6	1	· 3

| HT | ZT | T | H | Z | E |

2 Rechne zuerst einen Überschlag, multipliziere dann schriftlich.
Vergleiche dein Ergebnis mit dem Überschlag.

a)

Ü: _____

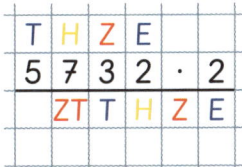

T	H	Z	E
8	2	0	9	· 3

| ZT | T | H | Z | E |

b)

Ü: _____

T	H	Z	E
5	7	3	2	· 2

| ZT | T | H | Z | E |

c)

Ü: _____

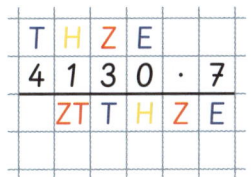

T	H	Z	E
4	1	3	0	· 7

| ZT | T | H | Z | E |

1 Multipliziere schriftlich in einer Stellenwerttabelle.

a

H	Z	E		
5	4	6	·	3
	T	H	Z	E

b

H	Z	E		
2	3	4	·	8
	T	H	Z	E

c

H	Z	E		
7	2	3	·	6
	T	H	Z	E

> Manchmal gibt es mehrere Überträge.

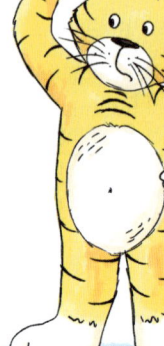

d

T	H	Z	E		
6	3	1	7	·	4
	ZT	T	H	Z	E

e

T	H	Z	E		
3	5	7	4	·	2
	ZT	T	H	Z	E

f

T	H	Z	E		
9	2	5	1	·	7
	ZT	T	H	Z	E

g

ZT	T	H	Z	E		
8	1	6	1	5	·	5
	HT	ZT	T	H	Z	E

h

ZT	T	H	Z	E		
4	0	0	2	1	·	9
	HT	ZT	T	H	Z	E

2 Rechne zuerst einen Überschlag, multipliziere dann schriftlich.
Vergleiche dein Ergebnis mit dem Überschlag.

a

4 159 · 3

Ü: ____4 000 · 3 =____

b

7 681 · 2

Ü: _____

c

20 173 · 5

Ü: _____

d

35 710 · 7

Ü: _____

1 Wandle die Euro-Preise in Cent um.

4,80 € = _480 ct_   14,95 € = _____   9,99 € = _____

 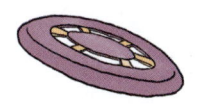 

8,70 € = _____   4,05 € = _____

2 Wie viel kosten die Dinge? Rechne schriftlich mit den Cent-Preisen.
Wandle dann um in Euro und schreibe mit Komma.

a

$$480 \text{ ct} \cdot 3$$
$$1440 \text{ ct} = 14,40 €$$

b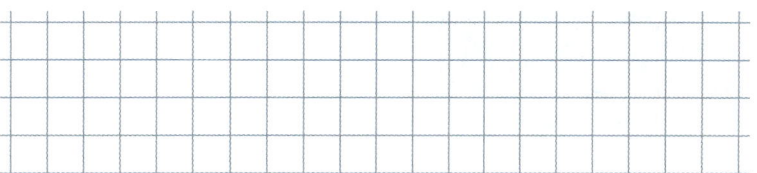

c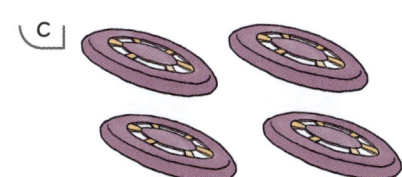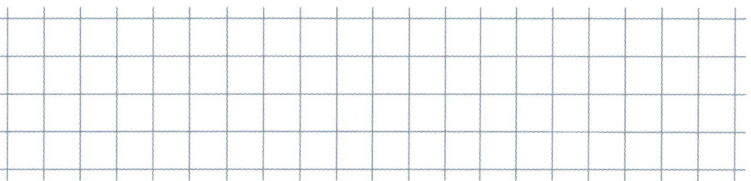

d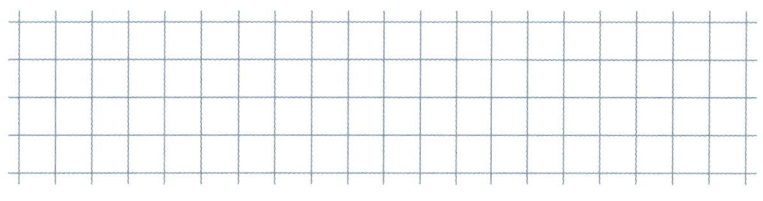

e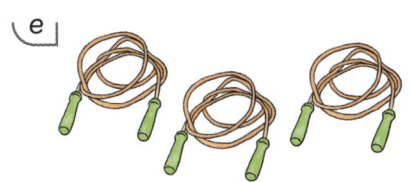

1 Setze das Muster fort.

a

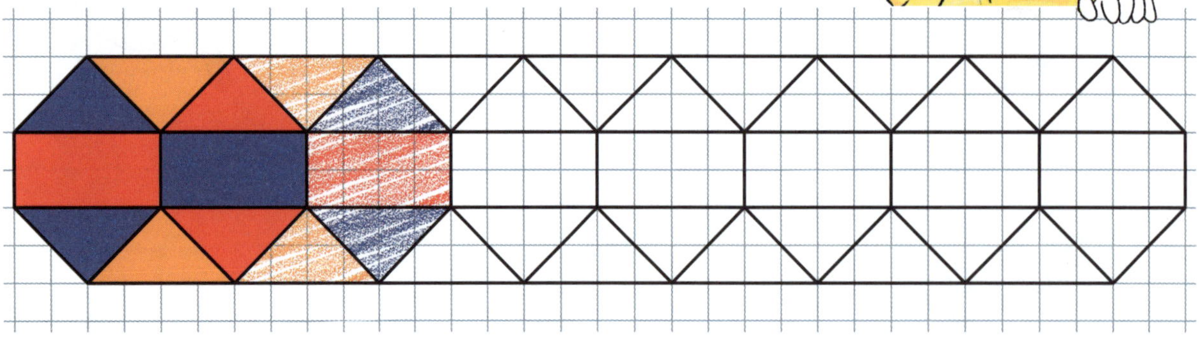

b

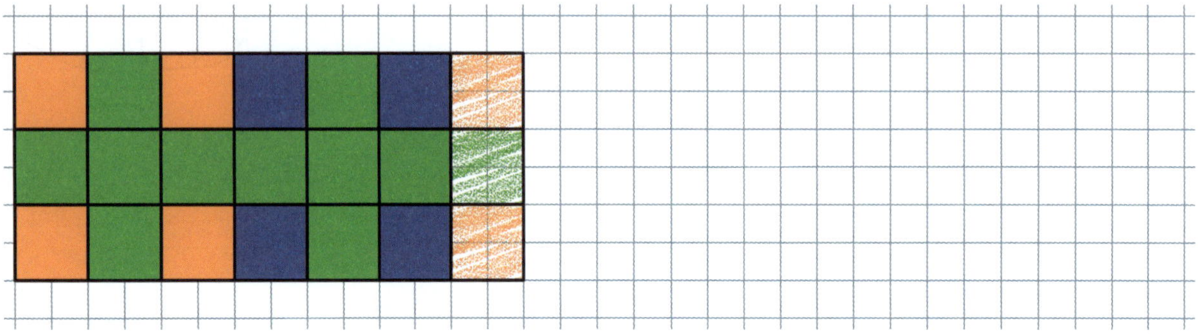

c

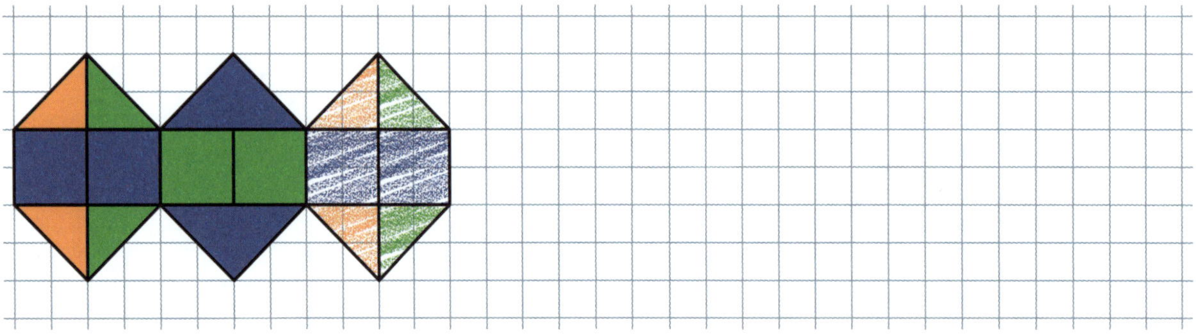

2 Setze das Muster fort und male es an.

Wiederholung
zu Heft 1, S. 5
zu Buch, S. 5

Addieren

1

> Ich rechne in Stellenwerten und beginne bei den Einern.

H	Z	E
2	1	4
+ 3	2	1
		5

Lege die Aufgaben. Addiere dann schriftlich. Beginne bei den Einern.

a)
H	Z	E
2	1	4
+ 3	2	1
5	**3**	**5**

b)
H	Z	E
1	2	6
+ 2	4	3
3	**6**	**9**

c)
H	Z	E
4	3	1
+	5	2
4	**8**	**3**

d)
H	Z	E
3	0	2
+ 1	6	4
4	**6**	**6**

2 Addiere schriftlich. Beginne bei den Einern.

> Achtung: Denke an den Übertrag.

a)
H	Z	E
3	6	9
+ 2	1	3
5	**8**	**2**

b)
H	Z	E
2	5	8
+ 4	3	6
6	**9**	**4**

c)
H	Z	E
1	4	5
+ 7	7	0
9	**1**	**5**

3 Schreibe die Aufgaben in die Stellenwerttabellen. Addiere schriftlich.

a) $132 + 582$
H	Z	E
1	3	2
+ 5	8	2
7	**1**	**4**

b) $657 + 234$
H	Z	E
6	5	7
+ 2	3	4
8	**9**	**1**

c) $965 + 18$
H	Z	E
9	6	5
+	1	8
9	**8**	**3**

d) $89 + 472$
H	Z	E
	8	9
+ 4	7	2
5	**6**	**1**

1 Mehrsystemblöcke oder Stellenwertsymbole (Beilage 3) verwenden

---

Wiederholung
zu Heft 1, S. 6
zu Buch, S. 6

Subtrahieren

1

> Ich rechne in Stellenwerten und beginne bei den Einern.

H	Z	E
	3	5	8
-	1	2	4
			4

Lege die Aufgaben. Subtrahiere dann schriftlich. Beginne bei den Einern.

a)
H	Z	E
3	5	8
- 1	2	4
2	**3**	**4**

b)
H	Z	E
8	4	2
- 5	3	0
3	**1**	**2**

c)
H	Z	E
6	7	9
- 2	1	5
4	**6**	**4**

d)
H	Z	E
9	3	5
- 4	1	2
5	**2**	**3**

* 2 Subtrahiere schriftlich. Beginne bei den Einern.

> Achtung!

a)
H	Z	E
7	8	1
- 6	5	9
1	**2**	**2**

b)
H	Z	E
4	6	3
-	4	8
4	**1**	**5**

c)
H	Z	E
5	1	4
- 3	9	4
1	**2**	**0**

* 3 Schreibe die Aufgaben in die Stellenwerttabellen. Subtrahiere schriftlich.

a) $293 - 176$
H	Z	E
2	9	3
- 1	7	6
1	**1**	**7**

b) $875 - 461$
H	Z	E
8	7	5
- 4	6	1
4	**1**	**4**

c) $909 - 712$
H	Z	E
9	0	9
- 7	1	2
1	**9**	**7**

d) $136 - 57$
H	Z	E
1	3	6
-	5	7
	7	**9**

1 Mehrsystemblöcke oder Stellenwertsymbole (Beilage 3) verwenden
2,3 Übertrag oder Entbündelung je nach Subtraktionsverfahren notieren
* Der Übertrag fehlt, weil er je nach Verfahren unterschiedlich einzutragen ist.

Wiederholung
zu Heft 1, S. 7
zu Buch, S. 7

Multiplizieren

1 Finde und löse zuerst die kleine Aufgabe.

a)
$5 \cdot 30 = 150$
$5 \cdot 3 = 15$

b)
$2 \cdot 40 = 80$
$2 \cdot 4 = 8$

c)
$3 \cdot 70 = 210$
$3 \cdot 7 = 21$

d)
$4 \cdot 20 = 80$
$4 \cdot 2 = 8$

e)
$7 \cdot 60 = 420$
$7 \cdot 6 = 42$

f)
$9 \cdot 50 = 450$
$9 \cdot 5 = 45$

g)
$4 \cdot 40 = 160$
$4 \cdot 4 = 16$

h)
$7 \cdot 90 = 630$
$7 \cdot 9 = 63$

i)
$9 \cdot 80 = 720$
$9 \cdot 8 = 72$

2

> Ich multipliziere zuerst die Zehner, dann die Einer.

$3 \cdot 18 = 54$
$3 \cdot 10 = 30$
$3 \cdot 8 = 24$

Lege die Aufgaben und rechne halbschriftlich wie Nora.

a)
$3 \cdot 18 = 54$
$3 \cdot 10 = 30$
$3 \cdot 8 = 24$

b)
$5 \cdot 14 = 70$
$5 \cdot 10 = 50$
$5 \cdot 4 = 20$

c)
$2 \cdot 17 = 34$
$2 \cdot 10 = 20$
$2 \cdot 7 = 14$

3 Multipliziere halbschriftlich.

a)
$4 \cdot 21 = 84$
$4 \cdot 20 = 80$
$4 \cdot 1 = 4$

b)
$9 \cdot 36 = 324$
$9 \cdot 30 = 270$
$9 \cdot 6 = 54$

c)
$6 \cdot 52 = 312$
$6 \cdot 50 = 300$
$6 \cdot 2 = 12$

d)
$8 \cdot 48 = 384$
$8 \cdot 40 = 320$
$8 \cdot 8 = 64$

e)
$7 \cdot 63 = 441$
$7 \cdot 60 = 420$
$7 \cdot 3 = 21$

f)
$3 \cdot 95 = 285$
$3 \cdot 90 = 270$
$3 \cdot 5 = 15$

2 Mehrsystemblöcke oder Stellenwertsymbole (Beilage 3) verwenden

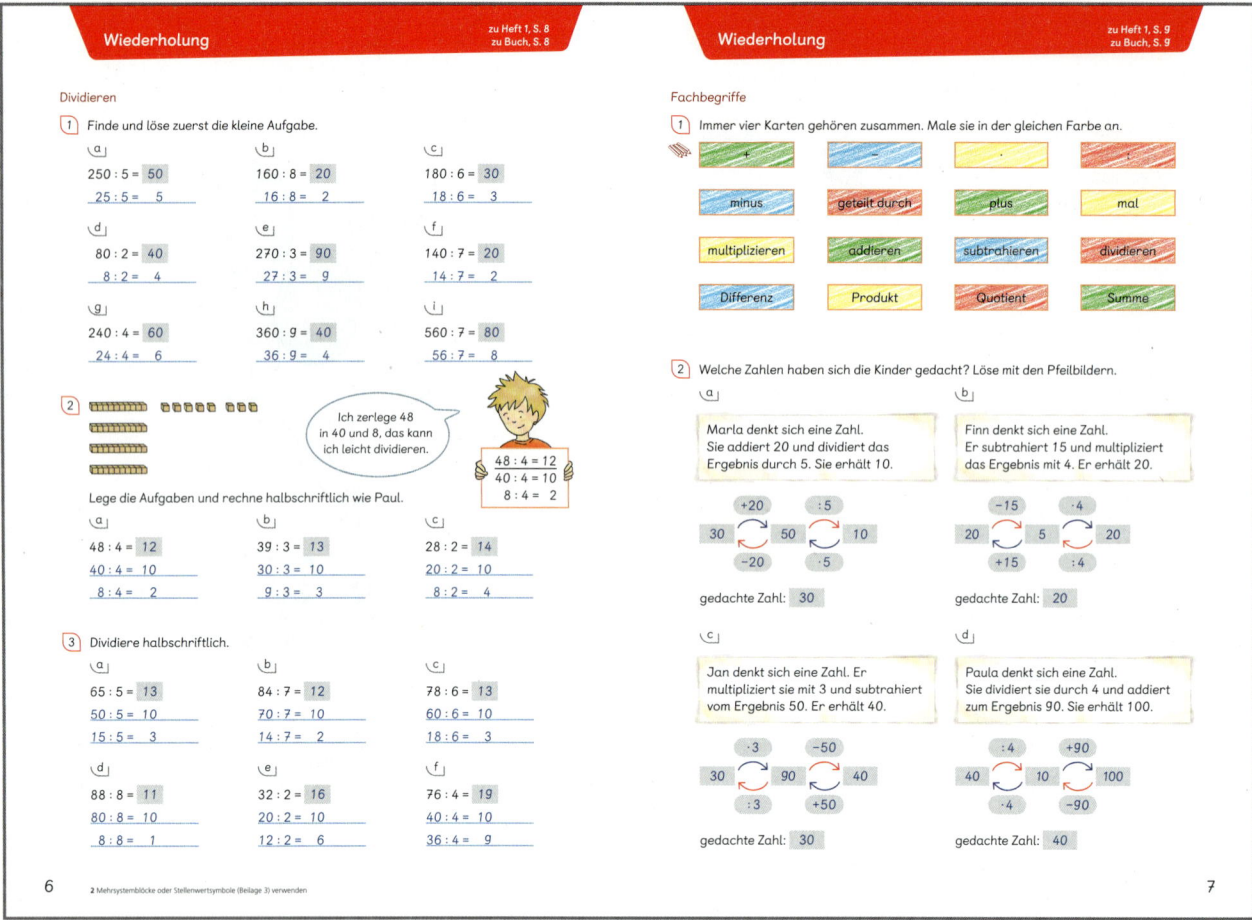

Wiederholung zu Heft 1, S. 8 / zu Buch, S. 8

Dividieren

1 Finde und löse zuerst die kleine Aufgabe.

a)
250 : 5 = 50
25 : 5 = 5

b)
160 : 8 = 20
16 : 8 = 2

c)
180 : 6 = 30
18 : 6 = 3

d)
80 : 2 = 40
8 : 2 = 4

e)
270 : 3 = 90
27 : 3 = 9

f)
140 : 7 = 20
14 : 7 = 2

g)
240 : 4 = 60
24 : 4 = 6

h)
360 : 9 = 40
36 : 9 = 4

i)
560 : 7 = 80
56 : 7 = 8

2 Ich zerlege 48 in 40 und 8, das kann ich leicht dividieren.

48 : 4 = 12
40 : 4 = 10
8 : 4 = 2

Lege die Aufgaben und rechne halbschriftlich wie Paul.

a)
48 : 4 = 12
40 : 4 = 10
8 : 4 = 2

b)
39 : 3 = 13
30 : 3 = 10
9 : 3 = 3

c)
28 : 2 = 14
20 : 2 = 10
8 : 2 = 4

3 Dividiere halbschriftlich.

a)
65 : 5 = 13
50 : 5 = 10
15 : 5 = 3

b)
84 : 7 = 12
70 : 7 = 10
14 : 7 = 2

c)
78 : 6 = 13
60 : 6 = 10
18 : 6 = 3

d)
88 : 8 = 11
80 : 8 = 10
8 : 8 = 1

e)
32 : 2 = 16
20 : 2 = 10
12 : 2 = 6

f)
76 : 4 = 19
40 : 4 = 10
36 : 4 = 9

6   2 Mehrsystemblöcke oder Stellenwertsymbole (Beilage 3) verwenden

Wiederholung zu Heft 1, S. 9 / zu Buch, S. 9

Fachbegriffe

1 Immer vier Karten gehören zusammen. Male sie in der gleichen Farbe an.

+ − · :

minus geteilt durch plus mal

multiplizieren addieren subtrahieren dividieren

Differenz Produkt Quotient Summe

2 Welche Zahlen haben sich die Kinder gedacht? Löse mit den Pfeilbildern.

a) Marla denkt sich eine Zahl. Sie addiert 20 und dividiert das Ergebnis durch 5. Sie erhält 10.

+20   :5
30 → 50 → 10
−20   ·5

gedachte Zahl: 30

b) Finn denkt sich eine Zahl. Er subtrahiert 15 und multipliziert das Ergebnis mit 4. Er erhält 20.

−15   ·4
20 → 5 → 20
+15   :4

gedachte Zahl: 20

c) Jan denkt sich eine Zahl. Er multipliziert sie mit 3 und subtrahiert vom Ergebnis 50. Er erhält 40.

·3   −50
30 → 90 → 40
:3   +50

gedachte Zahl: 30

d) Paula denkt sich eine Zahl. Sie dividiert sie durch 4 und addiert zum Ergebnis 90. Sie erhält 100.

:4   +90
40 → 10 → 100
·4   −90

gedachte Zahl: 40

7

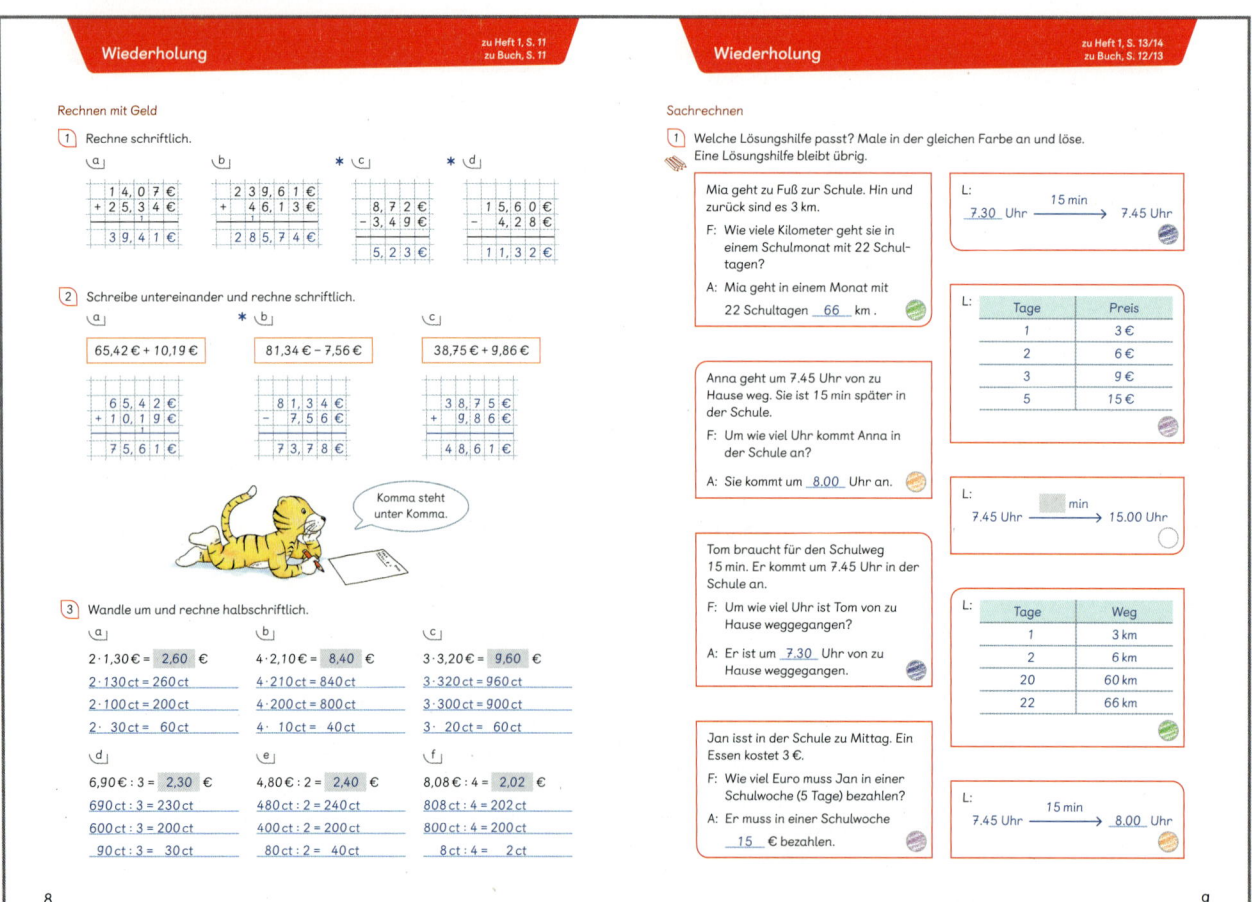

Wiederholung zu Heft 1, S. 11 / zu Buch, S. 11

Rechnen mit Geld

1 Rechne schriftlich.

a)
1 4 , 0 7 €
+ 2 5 , 3 4 €
3 9 , 4 1 €

b)
2 3 9 , 6 1 €
+ 4 6 , 1 3 €
2 8 5 , 7 4 €

*c)
8 , 7 2 €
− 3 , 4 9 €
5 , 2 3 €

*d)
1 5 , 6 0 €
− 4 , 2 8 €
1 1 , 3 2 €

2 Schreibe untereinander und rechne schriftlich.

a) 65,42 € + 10,19 €
6 5 , 4 2
+ 1 0, 1 9
7 5 , 6 1

*b) 81,34 € − 7,56 €
8 1 , 3 4
− 7 , 5 6
7 3 , 7 8

c) 38,75 € + 9,86 €
3 8 , 7 5
+ 9 , 8 6
4 8 , 6 1

Komma steht unter Komma.

3 Wandle um und rechne halbschriftlich.

a)
2 · 1,30 € = 2,60 €
2 · 130 ct = 260 ct
2 · 100 ct = 200 ct
2 · 30 ct = 60 ct

b)
4 · 2,10 € = 8,40 €
4 · 210 ct = 840 ct
4 · 200 ct = 800 ct
4 · 10 ct = 40 ct

c)
3 · 3,20 € = 9,60 €
3 · 320 ct = 960 ct
3 · 300 ct = 900 ct
3 · 20 ct = 60 ct

d)
6,90 € : 3 = 2,30 €
690 ct : 3 = 230 ct
600 ct : 3 = 200 ct
90 ct : 3 = 30 ct

e)
4,80 € : 2 = 2,40 €
480 ct : 2 = 240 ct
400 ct : 2 = 200 ct
80 ct : 2 = 40 ct

f)
8,08 € : 4 = 2,02 €
808 ct : 4 = 202 ct
800 ct : 4 = 200 ct
8 ct : 4 = 2 ct

Wiederholung zu Heft 1, S. 13/14 / zu Buch, S. 12/13

Sachrechnen

1 Welche Lösungshilfe passt? Male in der gleichen Farbe an und löse. Eine Lösungshilfe bleibt übrig.

Mia geht zu Fuß zur Schule. Hin und zurück sind es 3 km.
F: Wie viele Kilometer geht sie in einem Schulmonat mit 22 Schultagen?
A: Mia geht in einem Monat mit 22 Schultagen 66 km.

Anna geht um 7.45 Uhr von zu Hause weg. Sie ist 15 min später in der Schule.
F: Um wie viel Uhr kommt Anna in der Schule an?
A: Sie kommt um 8.00 Uhr an.

Tom braucht für den Schulweg 15 min. Er kommt um 7.45 Uhr in der Schule an.
F: Um wie viel Uhr ist Tom von zu Hause weggegangen?
A: Er ist um 7.30 Uhr von zu Hause weggegangen.

Jan isst in der Schule zu Mittag. Ein Essen kostet 3 €.
F: Wie viel Euro muss Jan in einer Schulwoche (5 Tage) bezahlen?
A: Er muss in einer Schulwoche 15 € bezahlen.

L:
7.30 Uhr — 15 min → 7.45 Uhr

L:
Tage	Preis
1	3 €
2	6 €
3	9 €
5	15 €

L:
7.45 Uhr — ___ min → 15.00 Uhr

L:
Tage	Weg
1	3 km
2	6 km
20	60 km
22	66 km

L:
7.45 Uhr — 15 min → 8.00 Uhr

8   * Der Übertrag fehlt, weil er je nach Verfahren unterschiedlich einzutragen ist.

9

Mathetiger Basistraining 4 – Lösungen (Seite 10–13)

Zahlen bis 10 000 darstellen

zu Heft 1, S. 16
zu Buch, S. 15

1 Welche Zahlen sind dargestellt? Schreibe auf.

a) Zahl: 1000

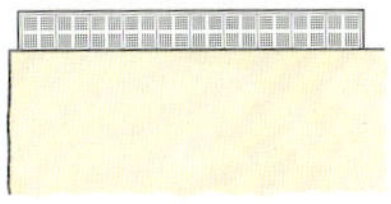

b) Zahl: 2000

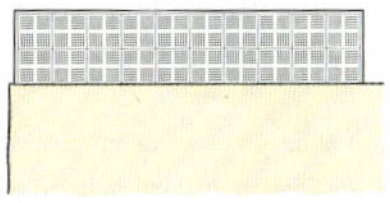

c) Zahl: 5000

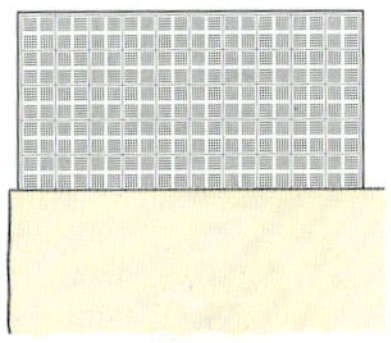

d) Zahl: 6000

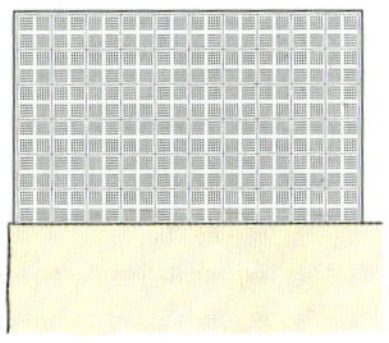

e) Zahl: 3100

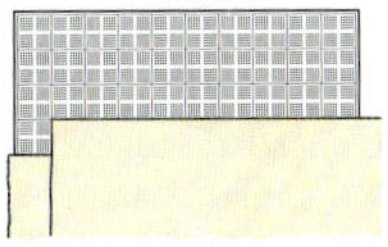

f) Zahl: 2500

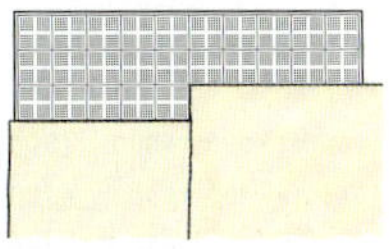

10

Zahldarstellung im Zehnersystem

zu Heft 1, S. 17
zu Buch, S. 16

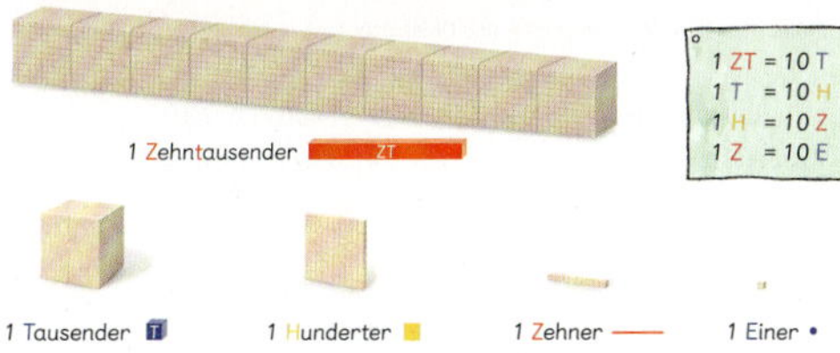

1 Zehntausender — ZT

1 ZT = 10 T
1 T = 10 H
1 H = 10 Z
1 Z = 10 E

1 Tausender   1 Hunderter   1 Zehner —   1 Einer •

1 Lege, wechsle und schreibe mit Ziffern.

a) 1 E = 1

b) 10 E = 1 Z = 10

c) 10 Z = 1 H = 100

d) 10 H = 1 T = 1000

e) 10 T = 1 ZT = 10000

10 Zehntausender sind
1 Hunderttausender

f) 10 ZT = 100 000

2 Lege die Zahlen nach und schreibe mit Ziffern.

a) 4 H = 400

b) 5 T = 5000

c) 3 ZT = 30 000

11

Zahlen bis 100 000 darstellen

zu Heft 1, S. 18
zu Buch, S. 17

13 245 — Zahl

1 ZT 3 T 2 H 4 Z 5 E — Stellenwerte

HT	ZT	T	H	Z	E
	1	3	2	4	5

Tabelle

10 000 + 3 000 + 200 + 40 + 5 — Additionsaufgabe

Symbole

1 Schreibe jede Zahl mit Stellenwerten und als Additionsaufgabe.

a) 57 829 = 5 ZT 7 T 8 H 2 Z 9 E = 50 000 + 7 000 + 800 + 20 + 9

b) 34 162 = 3 ZT 4 T 1 H 6 Z 2 E = 30 000 + 4 000 + 100 + 60 + 2

c) 96 530 = 9 ZT 6 T 5 H 3 Z = 90 000 + 6 000 + 500 + 30

d) 60 606 = 6 ZT 6 H 6 E = 60 000 + 600 + 6

2 Lege die Zahlen mit Symbolen nach. Fülle dann die Tabellen aus und schreibe mit Ziffern.

a)

HT	ZT	T	H	Z	E
	2	1	3	2	3

= 21 323

b)

HT	ZT	T	H	Z	E
	4	2	1	6	7

= 42 167

c)

HT	ZT	T	H	Z	E
	3	0	4	1	8

= 30 418

d)

HT	ZT	T	H	Z	E
	1	7	0	0	0

= 17 000

12

Addieren und Subtrahieren mit großen Zahlen

zu Heft 1, S. 22
zu Buch, S. 20

1 Finde passende Additions- und Subtraktionsaufgaben mit großen Zahlen.

a)
400 + 200 = 600
4 000 + 2 000 = 6 000
40 000 + 20 000 = 60 000

b)
600 + 300 = 900
6 000 + 3 000 = 9 000
60 000 + 30 000 = 90 000

c)
100 + 600 = 700
1 000 + 6 000 = 7 000
10 000 + 60 000 = 70 000

d)
300 + 700 = 1 000
3 000 + 7 000 = 10 000
30 000 + 70 000 = 100 000

e)
500 − 300 = 200
5 000 − 3 000 = 2 000
50 000 − 30 000 = 20 000

f)
800 − 700 = 100
8 000 − 7 000 = 1 000
80 000 − 70 000 = 10 000

g)
1 000 − 400 = 600
10 000 − 4 000 = 6 000
100 000 − 40 000 = 60 000

h)
700 − 200 = 500
7 000 − 2 000 = 5 000
70 000 − 20 000 = 50 000

2 Denke beim Rechnen an die kleine Aufgabe.

a)
20 000 + 10 000 = 30 000
40 000 + 30 000 = 70 000
70 000 + 20 000 = 90 000

b)
30 000 + 14 000 = 44 000
20 000 + 36 000 = 56 000
60 000 + 25 000 = 85 000

c)
52 000 + 6 000 = 58 000
83 000 + 4 000 = 87 000
38 000 + 2 000 = 40 000

d)
60 000 − 40 000 = 20 000
90 000 − 30 000 = 60 000
70 000 − 60 000 = 10 000

e)
40 000 − 8 000 = 32 000
80 000 − 3 000 = 77 000
50 000 − 9 000 = 41 000

f)
30 000 − 12 000 = 18 000
60 000 − 25 000 = 35 000
80 000 − 39 000 = 41 000

13

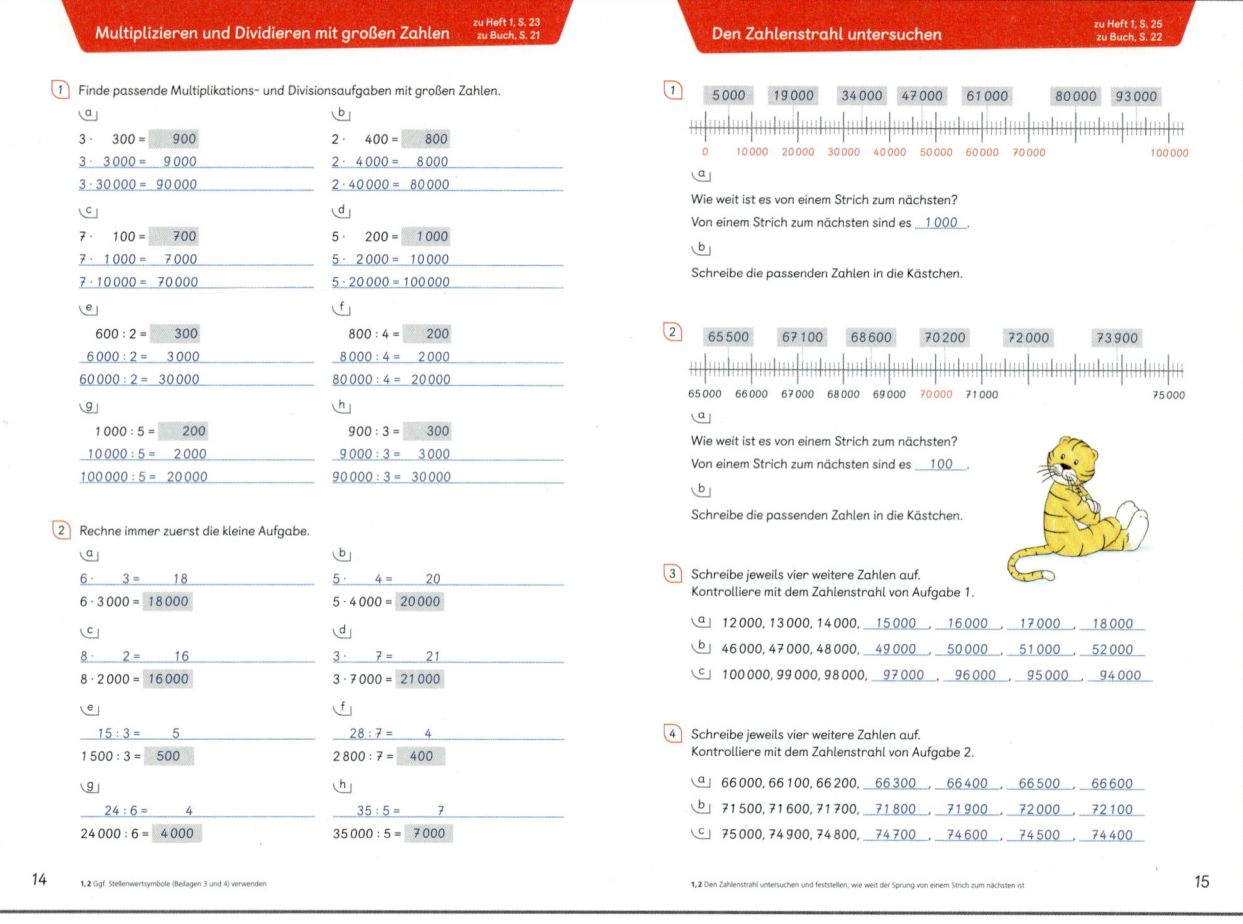

Multiplizieren und Dividieren mit großen Zahlen
zu Heft 1, S. 23
zu Buch, S. 21

1 Finde passende Multiplikations- und Divisionsaufgaben mit großen Zahlen.

a)
3 · 300 = 900
3 · 3000 = 9000
3 · 30000 = 90000

b)
2 · 400 = 800
2 · 4000 = 8000
2 · 40000 = 80000

c)
7 · 100 = 700
7 · 1000 = 7000
7 · 10000 = 70000

d)
5 · 200 = 1000
5 · 2000 = 10000
5 · 20000 = 100000

e)
600 : 2 = 300
6000 : 2 = 3000
60000 : 2 = 30000

f)
800 : 4 = 200
8000 : 4 = 2000
80000 : 4 = 20000

g)
1000 : 5 = 200
10000 : 5 = 2000
100000 : 5 = 20000

h)
900 : 3 = 300
9000 : 3 = 3000
90000 : 3 = 30000

2 Rechne immer zuerst die kleine Aufgabe.

a)
6 · 3 = 18
6 · 3000 = 18000

b)
5 · 4 = 20
5 · 4000 = 20000

c)
8 · 2 = 16
8 · 2000 = 16000

d)
3 · 7 = 21
3 · 7000 = 21000

e)
15 : 3 = 5
1500 : 3 = 500

f)
28 : 7 = 4
2800 : 7 = 400

g)
24 : 6 = 4
24000 : 6 = 4000

h)
35 : 5 = 7
35000 : 5 = 7000

14   1,2 Ggf. Stellenwertsymbole (Beilagen 3 und 4) verwenden

Den Zahlenstrahl untersuchen
zu Heft 1, S. 25
zu Buch, S. 22

1 | 5000 | 19000 | 34000 | 47000 | 61000 | 80000 | 93000 |

0 10000 20000 30000 40000 50000 60000 70000 100000

a) Wie weit ist es von einem Strich zum nächsten?
Von einem Strich zum nächsten sind es 1000 .

b) Schreibe die passenden Zahlen in die Kästchen.

2 | 65500 | 67100 | 68600 | 70200 | 72000 | 73900 |

65000 66000 67000 68000 69000 70000 71000 75000

a) Wie weit ist es von einem Strich zum nächsten?
Von einem Strich zum nächsten sind es 100 .

b) Schreibe die passenden Zahlen in die Kästchen.

3 Schreibe jeweils vier weitere Zahlen auf.
Kontrolliere mit dem Zahlenstrahl von Aufgabe 1.

a) 12000, 13000, 14000, 15000 , 16000 , 17000 , 18000
b) 46000, 47000, 48000, 49000 , 50000 , 51000 , 52000
c) 100000, 99000, 98000, 97000 , 96000 , 95000 , 94000

4 Schreibe jeweils vier weitere Zahlen auf.
Kontrolliere mit dem Zahlenstrahl von Aufgabe 2.

a) 66000, 66100, 66200, 66300 , 66400 , 66500 , 66600
b) 71500, 71600, 71700, 71800 , 71900 , 72000 , 72100
c) 75000, 74900, 74800, 74700 , 74600 , 74500 , 74400

15   1,2 Den Zahlenstrahl untersuchen und feststellen, wie weit der Sprung von einem Strich zum nächsten ist

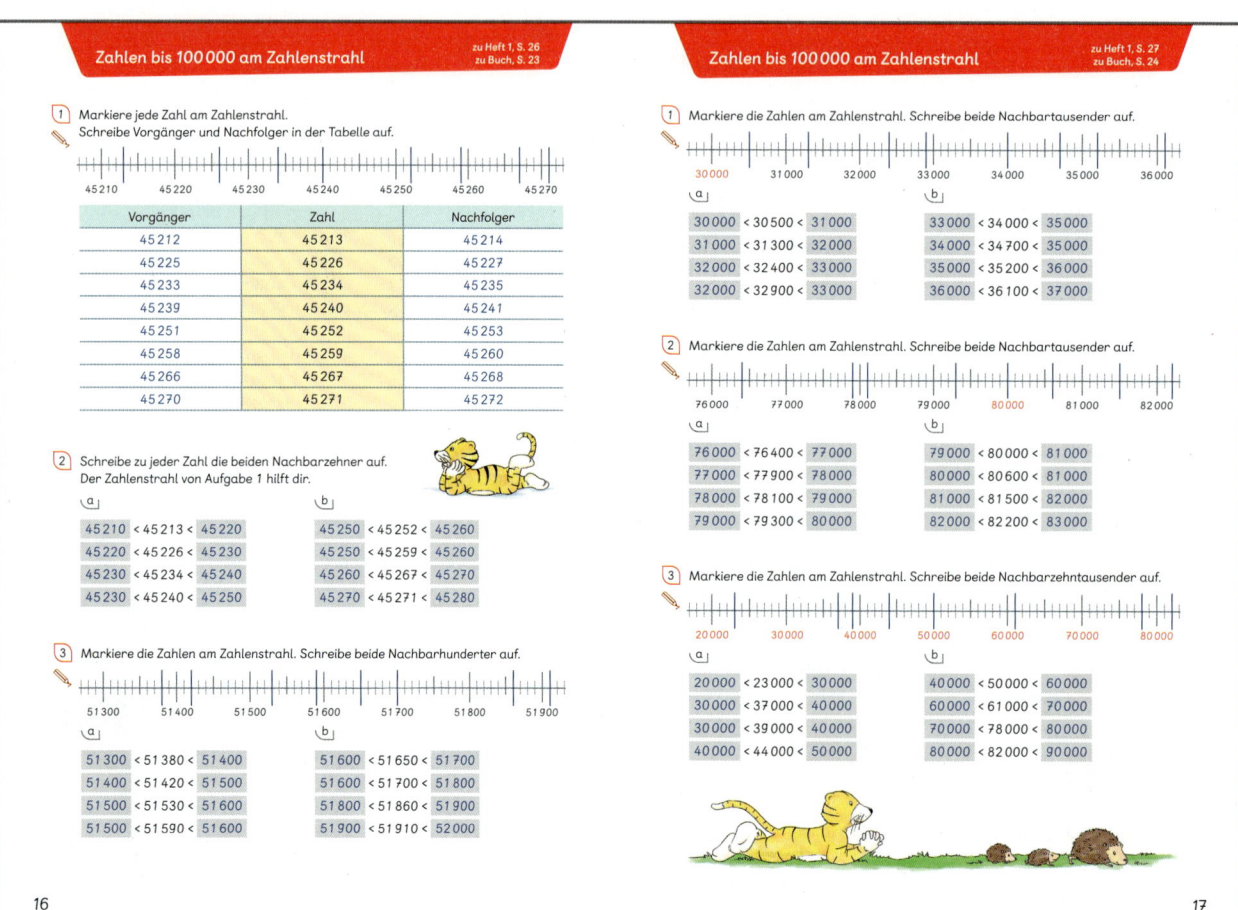

Zahlen bis 100000 am Zahlenstrahl
zu Heft 1, S. 26
zu Buch, S. 23

1 Markiere jede Zahl am Zahlenstrahl.
Schreibe Vorgänger und Nachfolger in der Tabelle auf.

45210 45220 45230 45240 45250 45260 45270

Vorgänger	Zahl	Nachfolger
45212	45213	45214
45225	45226	45227
45233	45234	45235
45239	45240	45241
45251	45252	45253
45258	45259	45260
45266	45267	45268
45270	45271	45272

2 Schreibe zu jeder Zahl die beiden Nachbarzehner auf.
Der Zahlenstrahl von Aufgabe 1 hilft dir.

a)
45210 < 45213 < 45220
45220 < 45226 < 45230
45230 < 45234 < 45240
45230 < 45240 < 45250

b)
45250 < 45252 < 45260
45250 < 45259 < 45260
45260 < 45267 < 45270
45270 < 45271 < 45280

3 Markiere die Zahlen am Zahlenstrahl. Schreibe beide Nachbarhunderter auf.

51300 51400 51500 51600 51700 51800 51900

a)
51300 < 51380 < 51400
51400 < 51420 < 51500
51500 < 51530 < 51600
51500 < 51590 < 51600

b)
51600 < 51650 < 51700
51600 < 51700 < 51800
51800 < 51860 < 51900
51900 < 51910 < 52000

16

Zahlen bis 100000 am Zahlenstrahl
zu Heft 1, S. 27
zu Buch, S. 24

1 Markiere die Zahlen am Zahlenstrahl. Schreibe beide Nachbartausender auf.

30000 31000 32000 33000 34000 35000 36000

a)
30000 < 30500 < 31000
31000 < 31300 < 32000
32000 < 32400 < 33000
32000 < 32900 < 33000

b)
33000 < 34000 < 35000
34000 < 34700 < 35000
35000 < 35200 < 36000
36000 < 36100 < 37000

2 Markiere die Zahlen am Zahlenstrahl. Schreibe beide Nachbartausender auf.

76000 77000 78000 79000 80000 81000 82000

a)
76000 < 76400 < 77000
77000 < 77900 < 78000
78000 < 78100 < 79000
79000 < 79300 < 80000

b)
79000 < 80000 < 81000
80000 < 80600 < 81000
81000 < 81500 < 82000
82000 < 82200 < 83000

3 Markiere die Zahlen am Zahlenstrahl. Schreibe beide Nachbarzehntausender auf.

20000 30000 40000 50000 60000 70000 80000

a)
20000 < 23000 < 30000
30000 < 37000 < 40000
30000 < 39000 < 40000
40000 < 44000 < 50000

b)
40000 < 50000 < 60000
60000 < 61000 < 70000
70000 < 78000 < 80000
80000 < 82000 < 90000

17

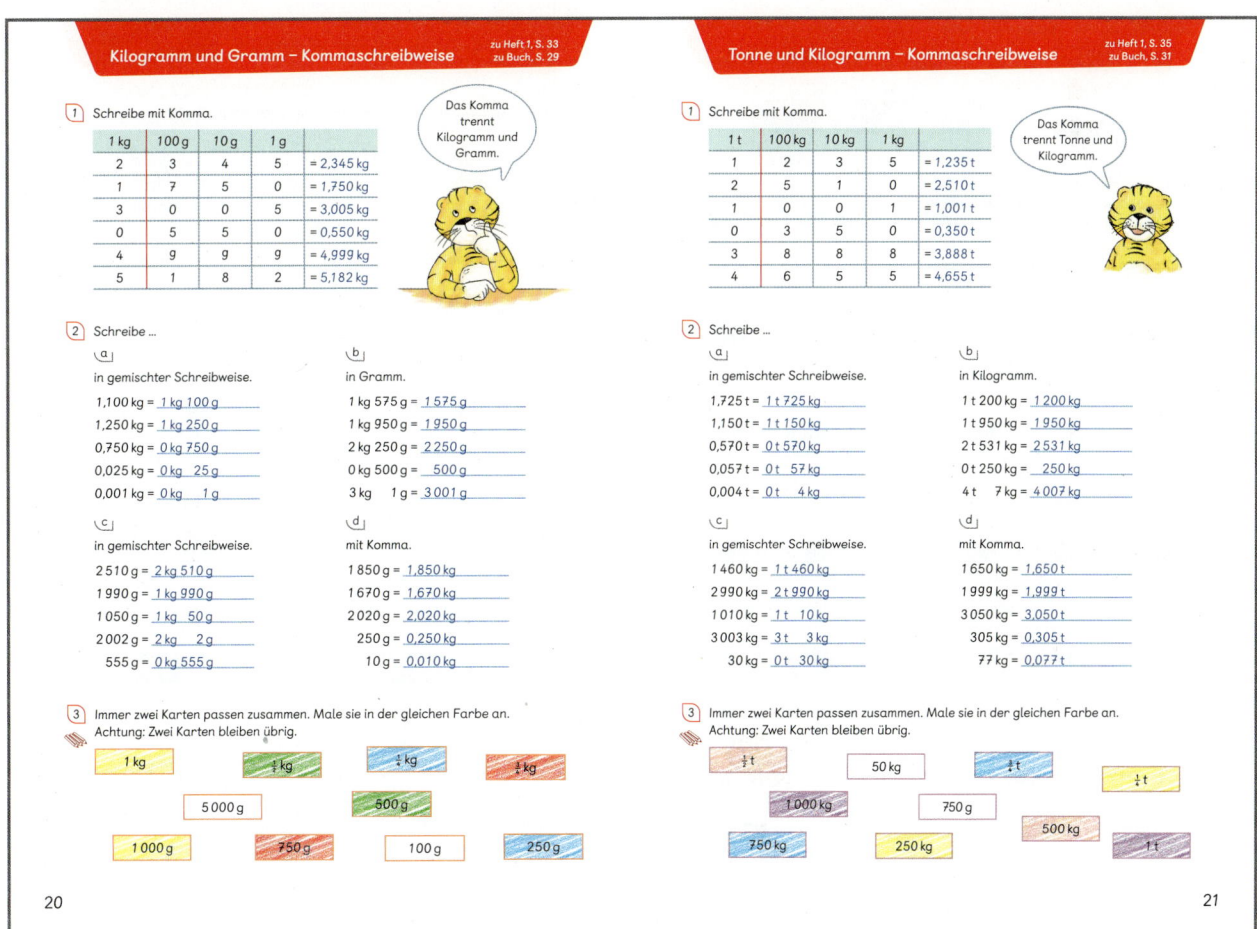

Rechnen bis 100 000
zu Heft 1, S. 30
zu Buch, S. 26

1 Rechne im Kopf.

Denke immer an die kleine Aufgabe: 30 + 40 =

a)
30 000 + 40 000 = 70 000
34 000 + 22 000 = 56 000
41 000 + 56 000 = 97 000

b)
18 000 + 23 000 = 41 000
29 000 + 44 000 = 73 000
55 000 + 35 000 = 90 000

c)
48 000 – 14 000 = 34 000
94 000 – 33 000 = 61 000
67 000 – 27 000 = 40 000

d)
60 000 – 26 000 = 34 000
80 000 – 18 000 = 62 000
50 000 – 43 000 = 7 000

2 Rechne schriftlich.

a)
52 491 + 24 107

```
  5 2 4 9 1
+ 2 4 1 0 7
  7 6 5 9 8
```

b)
38 264 + 16 528

```
  3 8 2 6 4
+ 1 6 5 2 8
  5 4 7 9 2
```

c)
46 057 + 8 754

```
  4 6 0 5 7
+     8 7 5 4
  5 4 8 1 1
```

*d)
36 825 – 12 321

```
  3 6 8 2 5
- 1 2 3 2 1
  2 4 5 0 4
```

*e)
64 794 – 33 526

```
  6 4 7 9 4
- 3 3 5 2 6
  3 1 2 6 8
```

*f)
72 481 – 6 395

```
  7 2 4 8 1
-     6 3 9 5
  6 6 0 8 6
```

3 Male die richtige Lösung an.

a) 3 · 20 000 =
60 000
50 000
6 000

b) 2 · 40 000 =
60 000
8 000
80 000

c) 4 · 3 000 =
1 200
12 000
120 000

18

* Der Übertrag fehlt, weil er je nach Verfahren unterschiedlich einzutragen ist.

Runden und überschlagen
zu Heft 1, S. 31/32
zu Buch, S. 27/28

1 Beachte die Rundungsregeln und runde …

Rundungsregeln: Unterstreiche die Ziffer, zu der gerundet werden soll. Ist die Ziffer rechts davon kleiner als 5, wird abgerundet.

a) zum Zehner.
4 3 1 ≈ 430
7 6 9 ≈ 770
3 1 8 4 ≈ 3 180
24 6 5 7 ≈ 24 660

b) zum Hunderter.
1 6 29 ≈ 1 600
5 0 94 ≈ 5 100
84 2 65 ≈ 84 300
39 7 23 ≈ 39 700

c) zum Tausender.
1 658 ≈ 2 000
4 309 ≈ 4 000
68 037 ≈ 68 000
99 596 ≈ 100 000

d) zum Zehntausender.
36 564 ≈ 40 000
51 293 ≈ 50 000
14 067 ≈ 10 000
45 241 ≈ 50 000

2 Runde die Zahlen zur höchsten Stelle und rechne einen Überschlag. Löse dann schriftlich.

a)
4 751 + 3 135
Ü: 5 000 + 3 000 = 8 000

```
  4 7 5 1
+ 3 1 3 5
  7 8 8 6
```

b)
48 167 + 19 615
Ü: 50 000 + 20 000 = 70 000

```
  4 8 1 6 7
+ 1 9 6 1 5
  6 7 7 8 2
```

*c)
6 715 – 1 503
Ü: 7 000 – 2 000 = 5 000

```
  6 7 1 5
- 1 5 0 3
  5 2 1 2
```

*d)
80 947 – 31 729
Ü: 80 000 – 30 000 = 50 000

```
  8 0 9 4 7
- 3 1 7 2 9
  4 9 2 1 8
```

19

* Der Übertrag fehlt, weil er je nach Verfahren unterschiedlich einzutragen ist.

Kilogramm und Gramm – Kommaschreibweise
zu Heft 1, S. 33
zu Buch, S. 29

1 Schreibe mit Komma.

Das Komma trennt Kilogramm und Gramm.

1 kg	100 g	10 g	1 g	
2	3	4	5	= 2,345 kg
1	7	5	0	= 1,750 kg
3	0	0	5	= 3,005 kg
0	5	5	0	= 0,550 kg
4	9	9	9	= 4,999 kg
5	1	8	2	= 5,182 kg

2 Schreibe …

a) in gemischter Schreibweise.
1,100 kg = 1 kg 100 g
1,250 kg = 1 kg 250 g
0,750 kg = 0 kg 750 g
0,025 kg = 0 kg 25 g
0,001 kg = 0 kg   1 g

b) in Gramm.
1 kg 575 g = 1 575 g
1 kg 950 g = 1 950 g
2 kg 250 g = 2 250 g
0 kg 500 g = 500 g
3 kg   1 g = 3 001 g

c) in gemischter Schreibweise.
2 510 g = 2 kg 510 g
1 990 g = 1 kg 990 g
1 050 g = 1 kg 50 g
2 002 g = 2 kg   2 g
555 g = 0 kg 555 g

d) mit Komma.
1 850 g = 1,850 kg
1 670 g = 1,670 kg
2 020 g = 2,020 kg
250 g = 0,250 kg
10 g = 0,010 kg

3 Immer zwei Karten passen zusammen. Male sie in der gleichen Farbe an. Achtung: Zwei Karten bleiben übrig.

1 kg   ½ kg   ¼ kg   ⅕ kg
5 000 g   500 g
1 000 g   750 g   100 g   250 g

20

Tonne und Kilogramm – Kommaschreibweise
zu Heft 1, S. 35
zu Buch, S. 31

1 Schreibe mit Komma.

Das Komma trennt Tonne und Kilogramm.

1 t	100 kg	10 kg	1 kg	
1	2	3	5	= 1,235 t
2	5	1	0	= 2,510 t
1	0	0	1	= 1,001 t
0	3	5	0	= 0,350 t
3	8	8	8	= 3,888 t
4	6	5	5	= 4,655 t

2 Schreibe …

a) in gemischter Schreibweise.
1,725 t = 1 t 725 kg
1,150 t = 1 t 150 kg
0,570 t = 0 t 570 kg
0,057 t = 0 t 57 kg
0,004 t = 0 t   4 kg

b) in Kilogramm.
1 t 200 kg = 1 200 kg
1 t 950 kg = 1 950 kg
2 t 531 kg = 2 531 kg
0 t 250 kg = 250 kg
4 t   7 kg = 4 007 kg

c) in gemischter Schreibweise.
1 460 kg = 1 t 460 kg
2 990 kg = 2 t 990 kg
1 010 kg = 1 t 10 kg
3 003 kg = 3 t   3 kg
30 kg = 0 t 30 kg

d) mit Komma.
1 650 kg = 1,650 t
1 999 kg = 1,999 t
3 050 kg = 3,050 t
305 kg = 0,305 t
77 kg = 0,077 t

3 Immer zwei Karten passen zusammen. Male sie in der gleichen Farbe an. Achtung: Zwei Karten bleiben übrig.

⅛ t   50 kg   ¼ t   ½ t
1 000 kg   750 g
750 kg   250 kg   500 kg   1 t

21

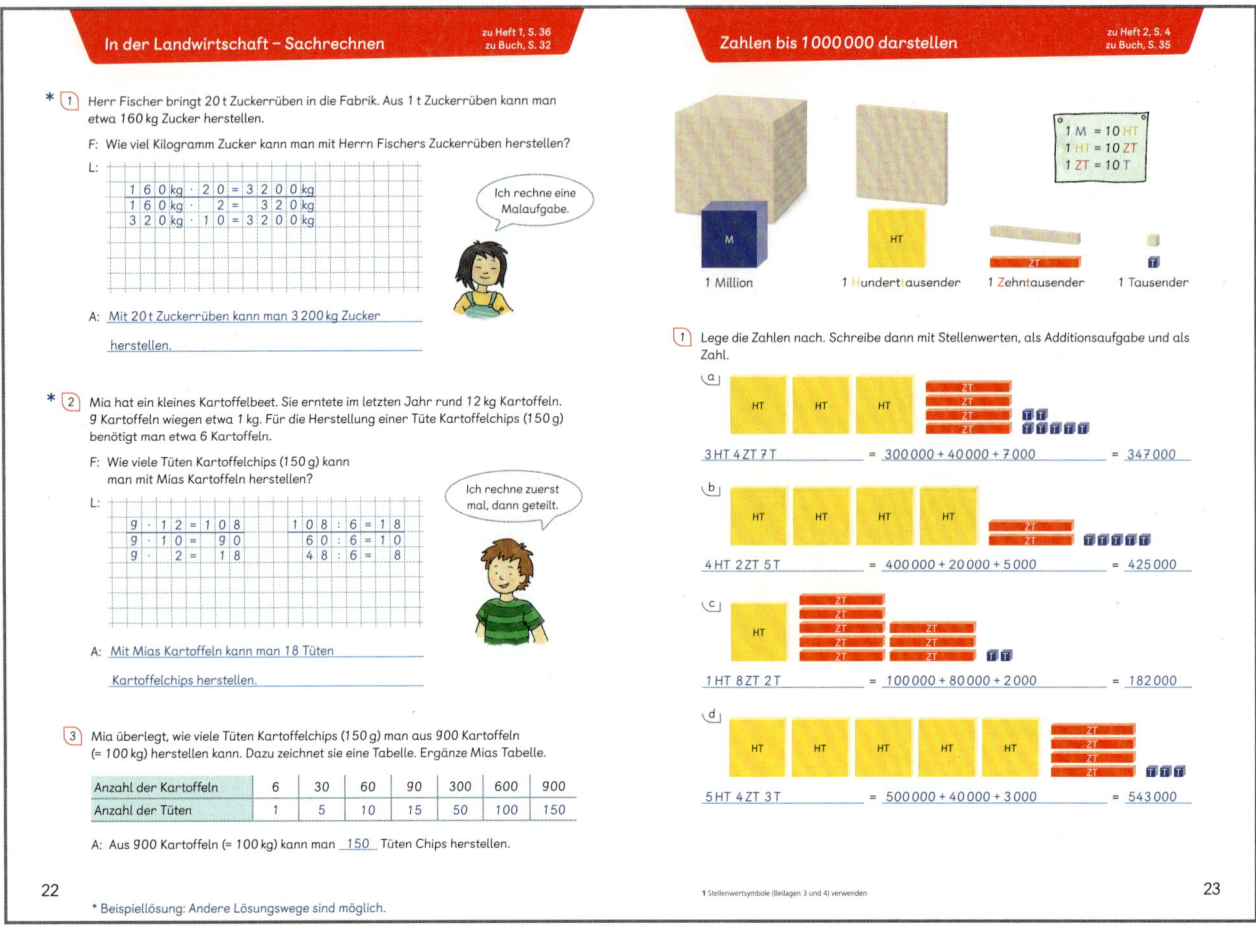

* 1 Herr Fischer bringt 20 t Zuckerrüben in die Fabrik. Aus 1 t Zuckerrüben kann man etwa 160 kg Zucker herstellen.

F: Wie viel Kilogramm Zucker kann man mit Herrn Fischers Zuckerrüben herstellen?

L:
160 kg · 20 = 3 200 kg
160 kg · 2 =   320 kg
320 kg · 10 = 3 200 kg

Ich rechne eine Malaufgabe.

A: Mit 20 t Zuckerrüben kann man 3 200 kg Zucker herstellen.

* 2 Mia hat ein kleines Kartoffelbeet. Sie erntete im letzten Jahr rund 12 kg Kartoffeln. 9 Kartoffeln wiegen etwa 1 kg. Für die Herstellung einer Tüte Kartoffelchips (150 g) benötigt man etwa 6 Kartoffeln.

F: Wie viele Tüten Kartoffelchips (150 g) kann man mit Mias Kartoffeln herstellen?

L:
9 · 12 = 108   108 : 6 = 18
9 · 10 = 90   60 : 6 = 10
9 · 2 = 18   48 : 6 = 8

Ich rechne zuerst mal, dann geteilt.

A: Mit Mias Kartoffeln kann man 18 Tüten Kartoffelchips herstellen.

3 Mia überlegt, wie viele Tüten Kartoffelchips (150 g) man aus 900 Kartoffeln (= 100 kg) herstellen kann. Dazu zeichnet sie eine Tabelle. Ergänze Mias Tabelle.

Anzahl der Kartoffeln	6	30	60	90	300	600	900
Anzahl der Tüten	1	5	10	15	50	100	150

A: Aus 900 Kartoffeln (= 100 kg) kann man 150 Tüten Chips herstellen.

* Beispiellösung: Andere Lösungswege sind möglich.

1 M = 10 HT
1 HT = 10 ZT
1 ZT = 10 T

1 Million   1 Hunderttausender   1 Zehntausender   1 Tausender

1 Lege die Zahlen nach. Schreibe dann mit Stellenwerten, als Additionsaufgabe und als Zahl.

a) 3 HT 4 ZT 7 T = 300 000 + 40 000 + 7 000 = 347 000

b) 4 HT 2 ZT 5 T = 400 000 + 20 000 + 5 000 = 425 000

c) 1 HT 8 ZT 2 T = 100 000 + 80 000 + 2 000 = 182 000

d) 5 HT 4 ZT 3 T = 500 000 + 40 000 + 3 000 = 543 000

1 Stellenwertsymbole (Beilagen 3 und 4) verwenden

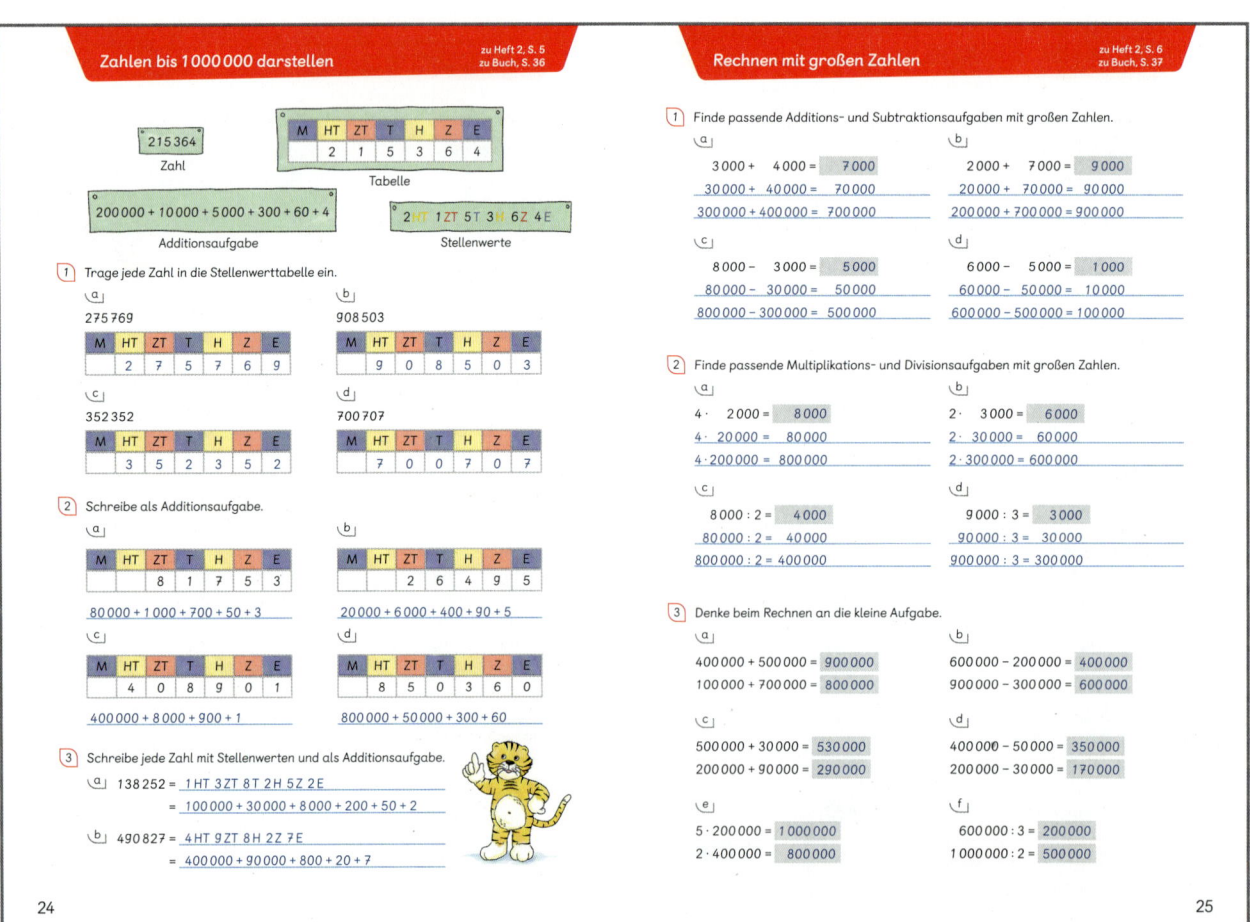

215 364
Zahl

M	HT	ZT	T	H	Z	E
	2	1	5	3	6	4

Tabelle

200 000 + 10 000 + 5 000 + 300 + 60 + 4
Additionsaufgabe

2 HT 1 ZT 5 T 3 H 6 Z 4 E
Stellenwerte

1 Trage jede Zahl in die Stellenwerttabelle ein.

a) 275 769

M	HT	ZT	T	H	Z	E
	2	7	5	7	6	9

b) 908 503

M	HT	ZT	T	H	Z	E
	9	0	8	5	0	3

c) 352 352

M	HT	ZT	T	H	Z	E
	3	5	2	3	5	2

d) 700 707

M	HT	ZT	T	H	Z	E
	7	0	0	7	0	7

2 Schreibe als Additionsaufgabe.

a)
M	HT	ZT	T	H	Z	E
	8	1	7	5	3	

80 000 + 1 000 + 700 + 50 + 3

b)
M	HT	ZT	T	H	Z	E
	2	6	4	9	5	

20 000 + 6 000 + 400 + 90 + 5

c)
M	HT	ZT	T	H	Z	E
	4	0	8	9	0	1

400 000 + 8 000 + 900 + 1

d)
M	HT	ZT	T	H	Z	E
	8	5	0	3	6	0

800 000 + 50 000 + 300 + 60

3 Schreibe jede Zahl mit Stellenwerten und als Additionsaufgabe.

a) 138 252 = 1 HT 3 ZT 8 T 2 H 5 Z 2 E
= 100 000 + 30 000 + 8 000 + 200 + 50 + 2

b) 490 827 = 4 HT 9 ZT 8 H 2 Z 7 E
= 400 000 + 90 000 + 800 + 20 + 7

1 Finde passende Additions- und Subtraktionsaufgaben mit großen Zahlen.

a)
3 000 + 4 000 = 7 000
30 000 + 40 000 = 70 000
300 000 + 400 000 = 700 000

b)
2 000 + 7 000 = 9 000
20 000 + 70 000 = 90 000
200 000 + 700 000 = 900 000

c)
8 000 – 3 000 = 5 000
80 000 – 30 000 = 50 000
800 000 – 300 000 = 500 000

d)
6 000 – 5 000 = 1 000
60 000 – 50 000 = 10 000
600 000 – 500 000 = 100 000

2 Finde passende Multiplikations- und Divisionsaufgaben mit großen Zahlen.

a)
4 · 2 000 = 8 000
4 · 20 000 = 80 000
4 · 200 000 = 800 000

b)
2 · 3 000 = 6 000
2 · 30 000 = 60 000
2 · 300 000 = 600 000

c)
8 000 : 2 = 4 000
80 000 : 2 = 40 000
800 000 : 2 = 400 000

d)
9 000 : 3 = 3 000
90 000 : 3 = 30 000
900 000 : 3 = 300 000

3 Denke beim Rechnen an die kleine Aufgabe.

a)
400 000 + 500 000 = 900 000
100 000 + 700 000 = 800 000

b)
600 000 – 200 000 = 400 000
900 000 – 300 000 = 600 000

c)
500 000 + 30 000 = 530 000
200 000 + 90 000 = 290 000

d)
400 000 – 50 000 = 350 000
200 000 – 30 000 = 170 000

e)
5 · 200 000 = 1 000 000
2 · 400 000 = 800 000

f)
600 000 : 3 = 200 000
1 000 000 : 2 = 500 000

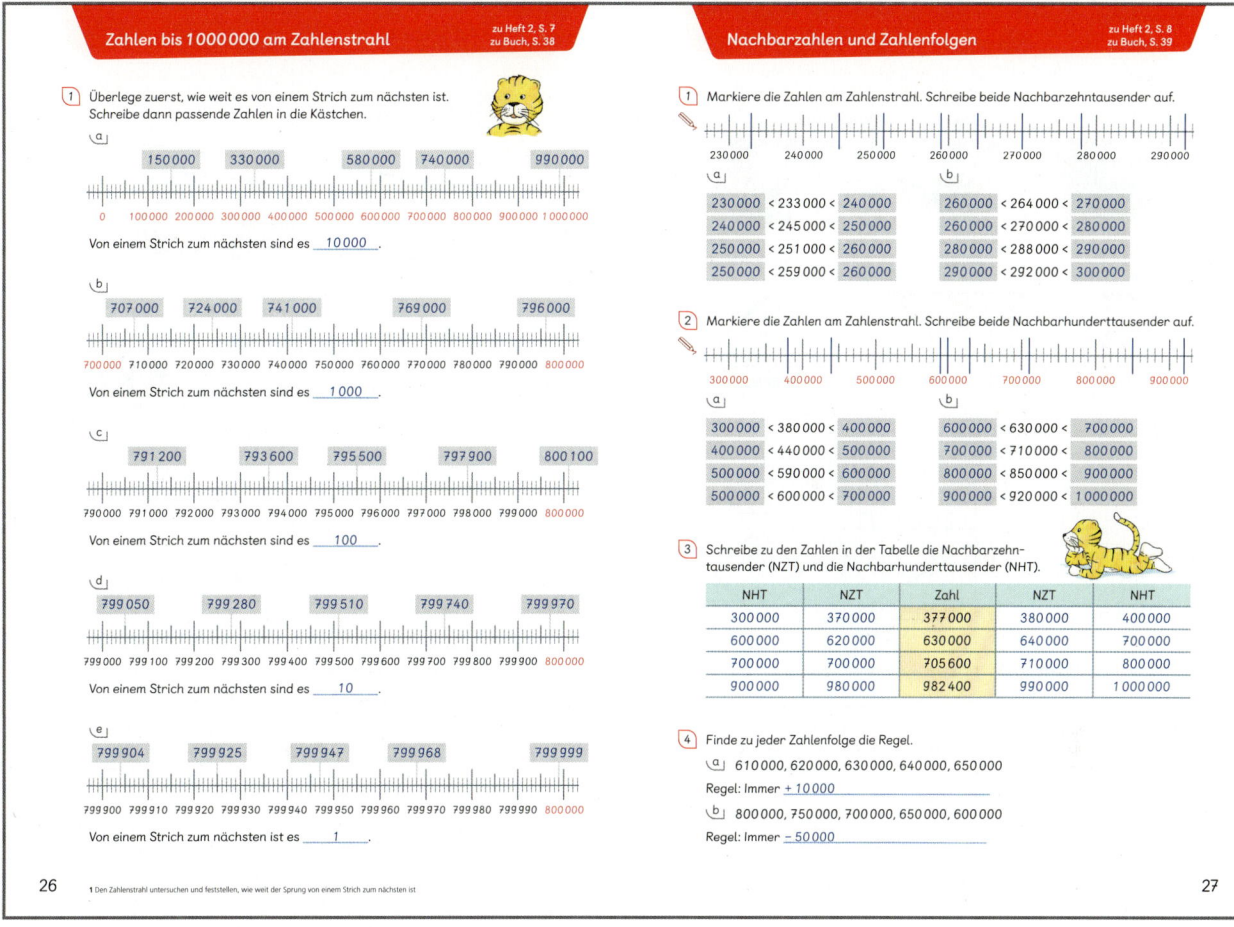

Zahlen bis 1 000 000 am Zahlenstrahl

zu Heft 2, S. 7
zu Buch, S. 38

1. Überlege zuerst, wie weit es von einem Strich zum nächsten ist. Schreibe dann passende Zahlen in die Kästchen.

a)

| 150 000 | 330 000 | | 580 000 | 740 000 | | 990 000 |

0 100 000 200 000 300 000 400 000 500 000 600 000 700 000 800 000 900 000 1 000 000

Von einem Strich zum nächsten sind es __10 000__.

b)

| 707 000 | 724 000 | 741 000 | | 769 000 | | 796 000 |

700 000 710 000 720 000 730 000 740 000 750 000 760 000 770 000 780 000 790 000 800 000

Von einem Strich zum nächsten sind es __1 000__.

c)

| 791 200 | | 793 600 | 795 500 | | 797 900 | | 800 100 |

790 000 791 000 792 000 793 000 794 000 795 000 796 000 797 000 798 000 799 000 800 000

Von einem Strich zum nächsten sind es __100__.

d)

| 799 050 | 799 280 | | 799 510 | 799 740 | | 799 970 |

799 000 799 100 799 200 799 300 799 400 799 500 799 600 799 700 799 800 799 900 800 000

Von einem Strich zum nächsten sind es __10__.

e)

| 799 904 | 799 925 | 799 947 | 799 968 | | 799 999 |

799 900 799 910 799 920 799 930 799 940 799 950 799 960 799 970 799 980 799 990 800 000

Von einem Strich zum nächsten ist es __1__.

1 Den Zahlenstrahl untersuchen und feststellen, wie weit der Sprung von einem Strich zum nächsten ist

Nachbarzahlen und Zahlenfolgen

zu Heft 2, S. 8
zu Buch, S. 39

1. Markiere die Zahlen am Zahlenstrahl. Schreibe beide Nachbarzehntausender auf.

230 000 240 000 250 000 260 000 270 000 280 000 290 000

a)

230 000 < 233 000 < 240 000
240 000 < 245 000 < 250 000
250 000 < 251 000 < 260 000
250 000 < 259 000 < 260 000

b)

260 000 < 264 000 < 270 000
260 000 < 270 000 < 280 000
280 000 < 288 000 < 290 000
290 000 < 292 000 < 300 000

2. Markiere die Zahlen am Zahlenstrahl. Schreibe beide Nachbarhunderttausender auf.

300 000 400 000 500 000 600 000 700 000 800 000 900 000

a)

300 000 < 380 000 < 400 000
400 000 < 440 000 < 500 000
500 000 < 590 000 < 600 000
500 000 < 600 000 < 700 000

b)

600 000 < 630 000 < 700 000
700 000 < 710 000 < 800 000
800 000 < 850 000 < 900 000
900 000 < 920 000 < 1 000 000

3. Schreibe zu den Zahlen in der Tabelle die Nachbarzehntausender (NZT) und die Nachbarhunderttausender (NHT).

NHT	NZT	Zahl	NZT	NHT
300 000	370 000	377 000	380 000	400 000
600 000	620 000	630 000	640 000	700 000
700 000	700 000	705 600	710 000	800 000
900 000	980 000	982 400	990 000	1 000 000

4. Finde zu jeder Zahlenfolge die Regel.

a) 610 000, 620 000, 630 000, 640 000, 650 000

Regel: Immer __+ 10 000__

b) 800 000, 750 000, 700 000, 650 000, 600 000

Regel: Immer __– 50 000__

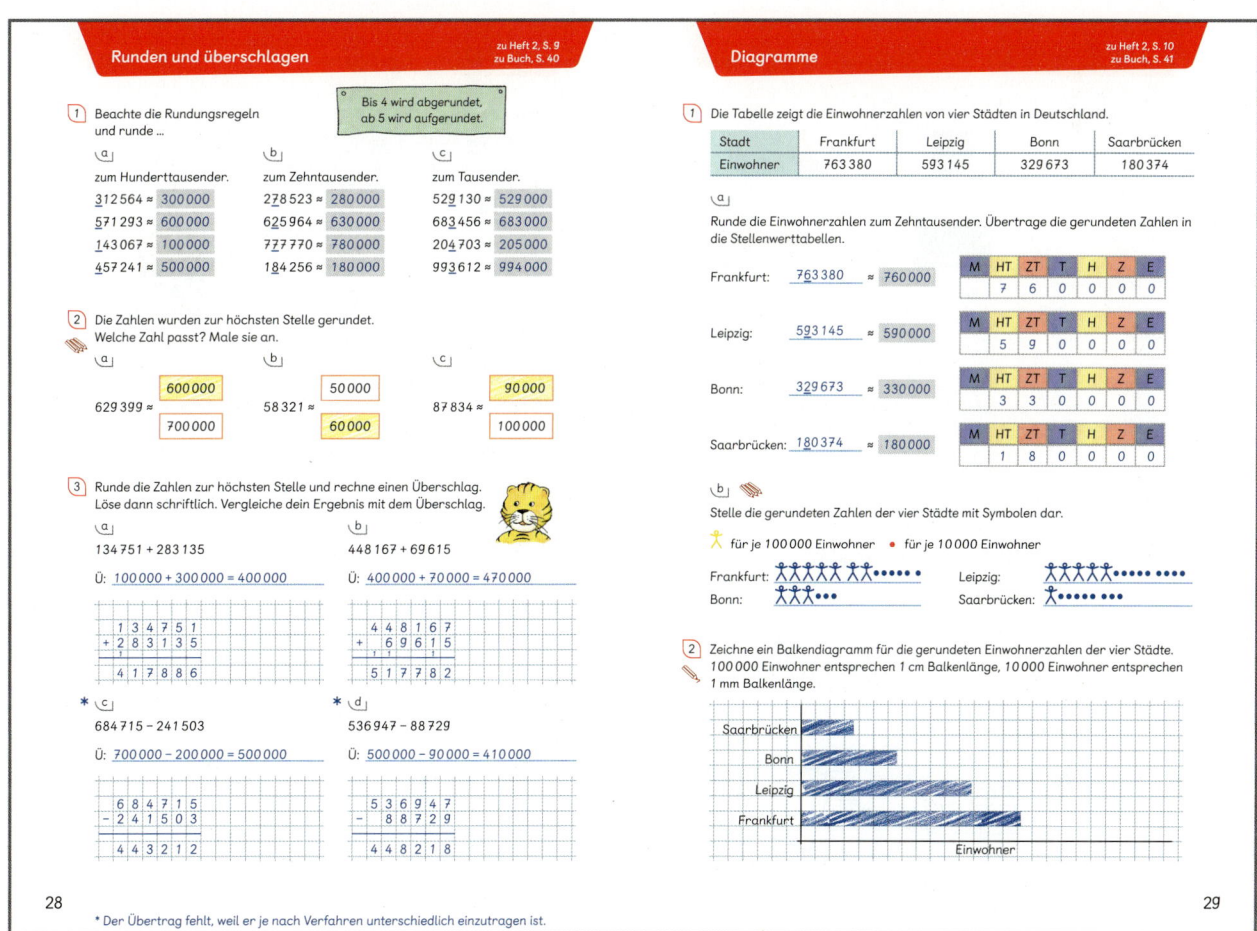

Runden und überschlagen

zu Heft 2, S. 9
zu Buch, S. 40

1. Beachte die Rundungsregeln und runde …

> Bis 4 wird abgerundet, ab 5 wird aufgerundet.

a) zum Hunderttausender.

3̲12 564 ≈ 300 000
5̲71 293 ≈ 600 000
1̲43 067 ≈ 100 000
4̲57 241 ≈ 500 000

b) zum Zehntausender.

27̲8 523 ≈ 280 000
62̲5 964 ≈ 630 000
77̲7 770 ≈ 780 000
18̲4 256 ≈ 180 000

c) zum Tausender.

529̲ 130 ≈ 529 000
683̲ 456 ≈ 683 000
204̲ 703 ≈ 205 000
993̲ 612 ≈ 994 000

2. Die Zahlen wurden zur höchsten Stelle gerundet. Welche Zahl passt? Male sie an.

a) 629 399 ≈

600 000
700 000

b) 58 321 ≈

50 000
60 000

c) 87 834 ≈

90 000
100 000

3. Runde die Zahlen zur höchsten Stelle und rechne einen Überschlag. Löse dann schriftlich. Vergleiche dein Ergebnis mit dem Überschlag.

a) 134 751 + 283 135

Ü: 100 000 + 300 000 = 400 000

```
  1 3 4 7 5 1
+ 2 8 3 1 3 5
  4 1 7 8 8 6
```

b) 448 167 + 69 615

Ü: 400 000 + 70 000 = 470 000

```
  4 4 8 1 6 7
+   6 9 6 1 5
  5 1 7 7 8 2
```

* c) 684 715 – 241 503

Ü: 700 000 – 200 000 = 500 000

```
  6 8 4 7 1 5
– 2 4 1 5 0 3
  4 4 3 2 1 2
```

* d) 536 947 – 88 729

Ü: 500 000 – 90 000 = 410 000

```
  5 3 6 9 4 7
–   8 8 7 2 9
  4 4 8 2 1 8
```

* Der Übertrag fehlt, weil er je nach Verfahren unterschiedlich einzutragen ist.

Diagramme

zu Heft 2, S. 10
zu Buch, S. 41

1. Die Tabelle zeigt die Einwohnerzahlen von vier Städten in Deutschland.

Stadt	Frankfurt	Leipzig	Bonn	Saarbrücken
Einwohner	763 380	593 145	329 673	180 374

a) Runde die Einwohnerzahlen zum Zehntausender. Übertrage die gerundeten Zahlen in die Stellenwerttabellen.

Frankfurt: 763̲ 380 ≈ 760 000

M	HT	ZT	T	H	Z	E
	7	6	0	0	0	0

Leipzig: 593̲ 145 ≈ 590 000

M	HT	ZT	T	H	Z	E
	5	9	0	0	0	0

Bonn: 329̲ 673 ≈ 330 000

M	HT	ZT	T	H	Z	E
	3	3	0	0	0	0

Saarbrücken: 180̲ 374 ≈ 180 000

M	HT	ZT	T	H	Z	E
	1	8	0	0	0	0

b) Stelle die gerundeten Zahlen der vier Städte mit Symbolen dar.

🯅 für je 100 000 Einwohner   ● für je 10 000 Einwohner

Frankfurt: 🯅🯅🯅🯅🯅🯅🯅 ●●●●●●
Leipzig: 🯅🯅🯅🯅🯅 ●●●●●●●●●
Bonn: 🯅🯅🯅 ●●●
Saarbrücken: 🯅 ●●●●●●●●

2. Zeichne ein Balkendiagramm für die gerundeten Einwohnerzahlen der vier Städte. 100 000 Einwohner entsprechen 1 cm Balkenlänge, 10 000 Einwohner entsprechen 1 mm Balkenlänge.

Rechter Winkel

zu Heft 2, S. 12
zu Buch, S. 42

1 a) Stelle einen Faltwinkel her. Kennzeichne den rechten Winkel mit ∟.

b) Finde mit Hilfe des Faltwinkels rechte Winkel und kennzeichne sie mit ∟.

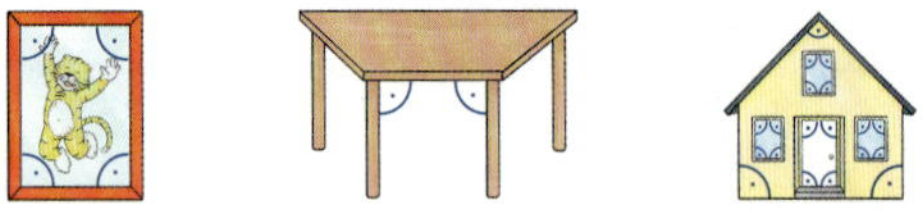

2 Kennzeichne in den Figuren alle rechten Winkel mit ∟.

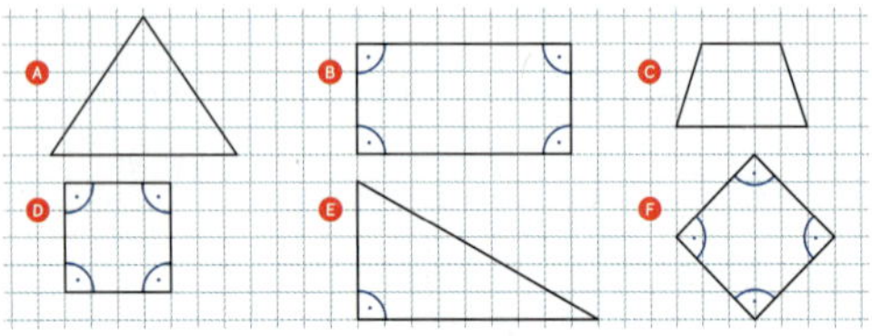

3 Zeichne nur die Figuren mit rechten Winkeln von Aufgabe 2 genau ab.

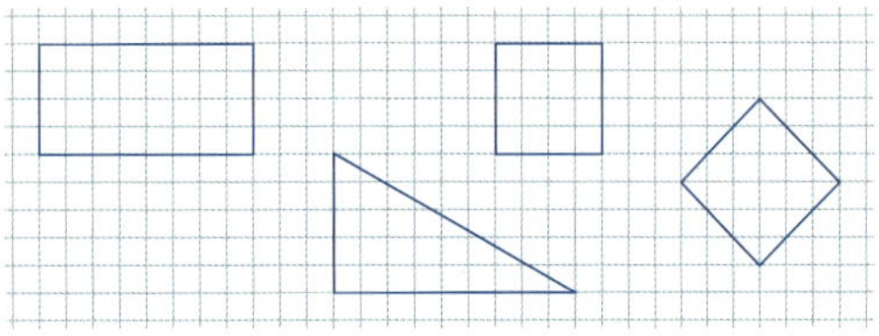

30   2 Faltwinkel zur Kontrolle verwenden

Parallel

zu Heft 2, S. 14
zu Buch, S. 44

1 Lege ein Geodreieck auf die parallelen Linien. Verschiebe das Geodreieck und zeichne noch zwei parallele Linien dazu.

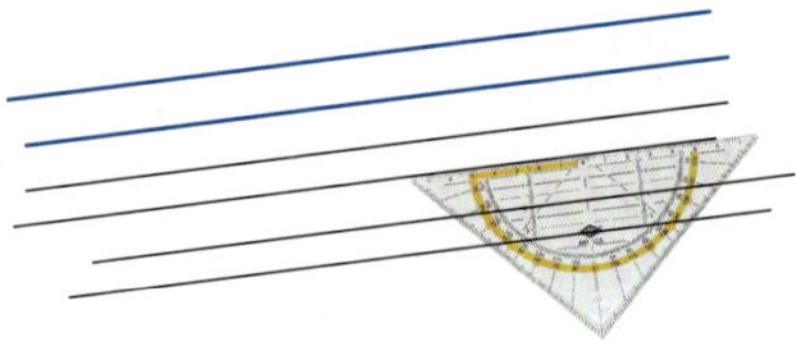

2 Überprüfe mit dem Geodreieck, ob die Linien parallel sind. Kennzeichne parallele Linien in der gleichen Farbe.

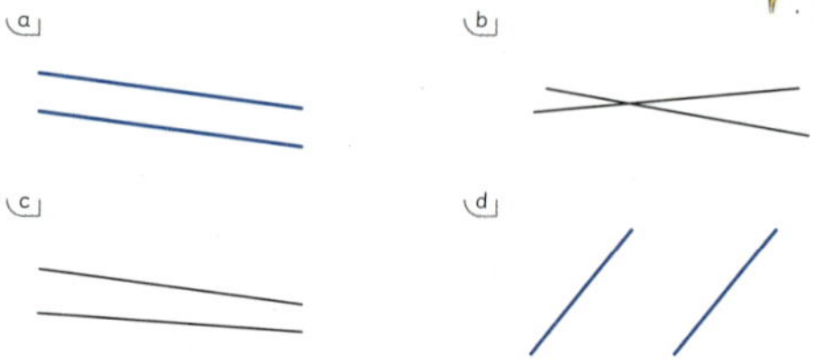

a)   b)
c)   d)

3 Finde in den Figuren parallele Linien. Kennzeichne sie in der gleichen Farbe.

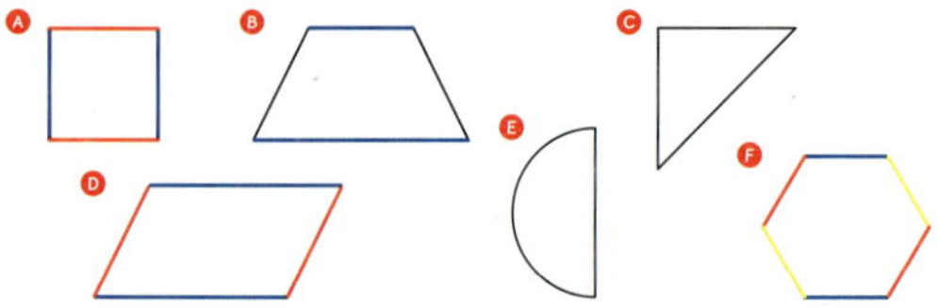

31   3 Geodreieck zur Kontrolle verwenden

Vierecke

zu Heft 2, S. 15
zu Buch, S. 45

1 Schreibe die Namen der Vierecke auf.

Trapez
Quadrat
Rechteck
Parallelogramm

Quadrat    Parallelogramm
Rechteck    Trapez 

*2 Zeichne ...

a) ein Rechteck.

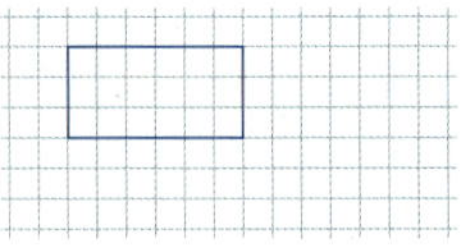

b) ein Quadrat.

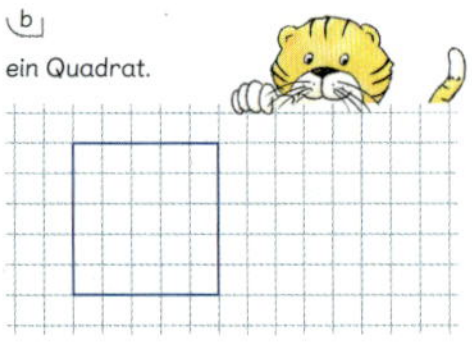

c) ein Trapez.

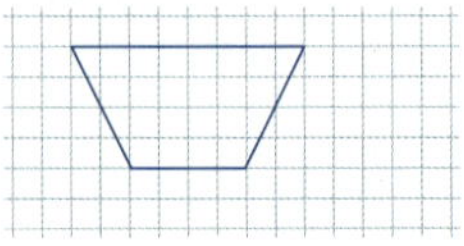

d) ein Parallelogramm.

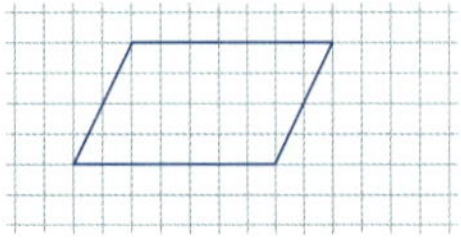

3 Spure nur die Quadrate nach. Wie viele sind es?

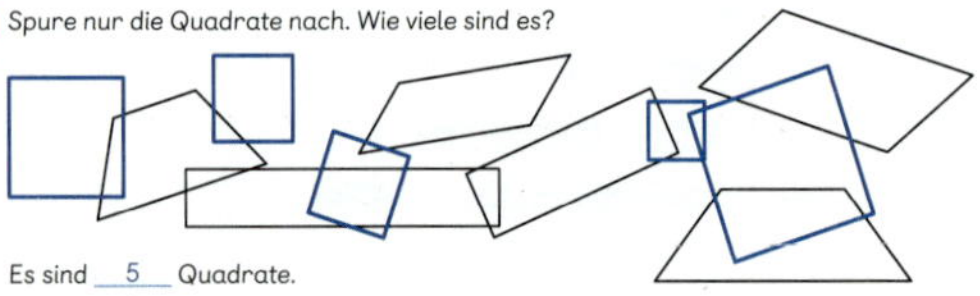

Es sind __5__ Quadrate.

32   * Beispiellösung: Andere Lösungen sind möglich.

Kilometer und Meter – Kommaschreibweise

zu Heft 2, S. 17
zu Buch, S. 46

1 Schreibe mit Komma.

1 km	100 m	10 m	1 m	
1	5	6	2	= 1,562 km
4	1	9	0	= 4,190 km
8	0	0	8	= 8,008 km
0	7	4	0	= 0,740 km
3	4	8	6	= 3,486 km
2	6	1	1	= 2,611 km

Das Komma trennt Kilometer und Meter.

2 Schreibe ...

a) in gemischter Schreibweise.

1,275 km = 1 km 275 m
1,130 km = 1 km 130 m
0,690 km = 0 km 690 m
0,084 km = 0 km 84 m
0,002 km = 0 km   2 m

b) in Meter.

1 km 900 m = 1900 m
1 km 450 m = 1450 m
3 km 267 m = 3267 m
0 km 750 m = 750 m
5 km   8 m = 5008 m

c) in gemischter Schreibweise.

1 740 m = 1 km 740 m
9 280 m = 9 km 280 m
6 060 m = 6 km 60 m
2 003 m = 2 km   3 m
50 m = 0 km 50 m

d) mit Komma.

1 350 m = 1,350 km
1 444 m = 1,444 km
7 050 m = 7,050 km
150 m = 0,150 km
88 m = 0,088 km

3 Immer zwei Karten passen zusammen. Verbinde.
Achtung: Eine Karte bleibt übrig.

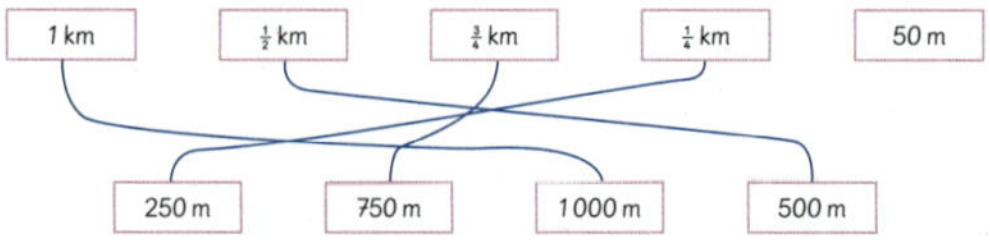

| 1 km | ½ km | ¾ km | ¼ km | 50 m |

| 250 m | 750 m | 1000 m | 500 m |

33

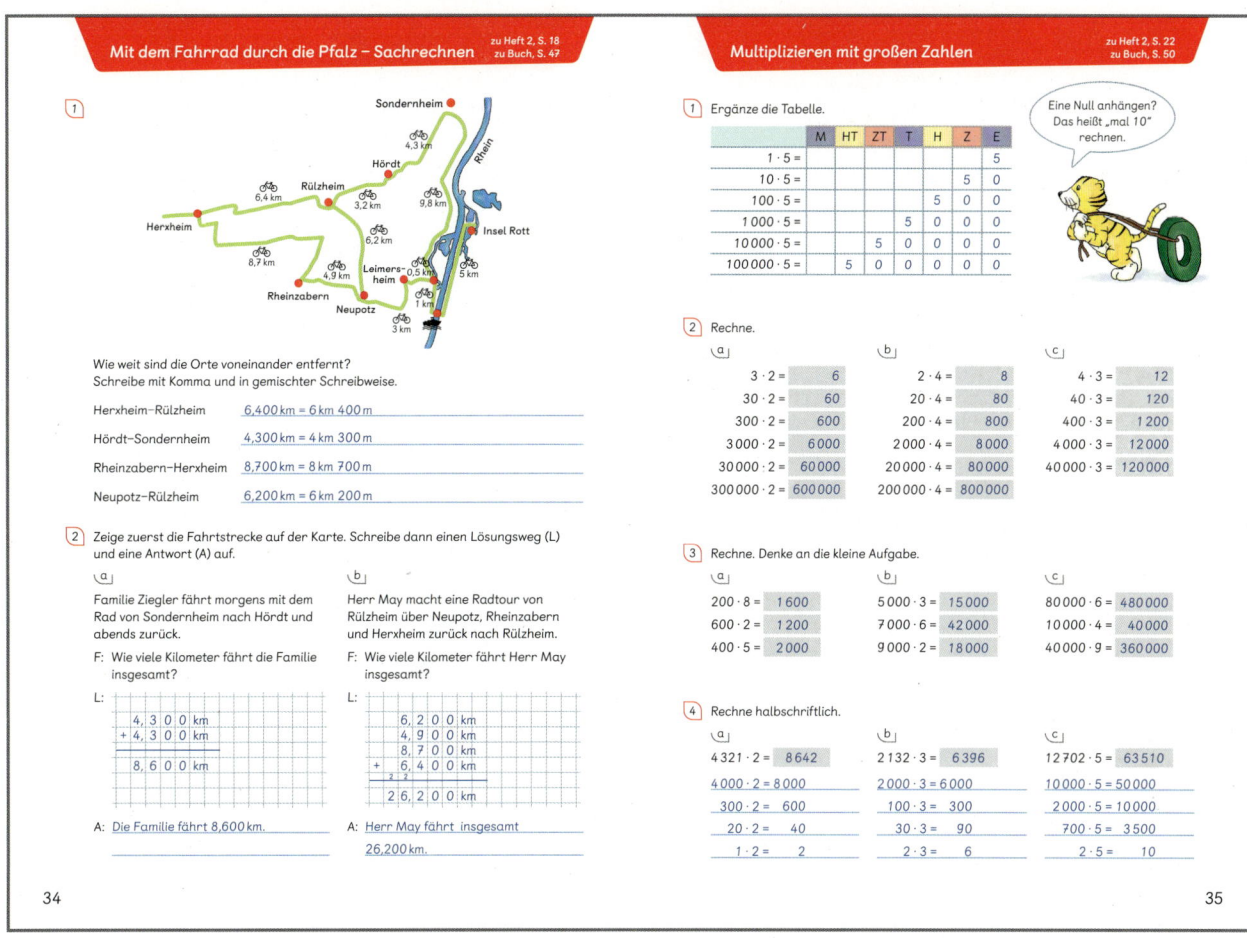

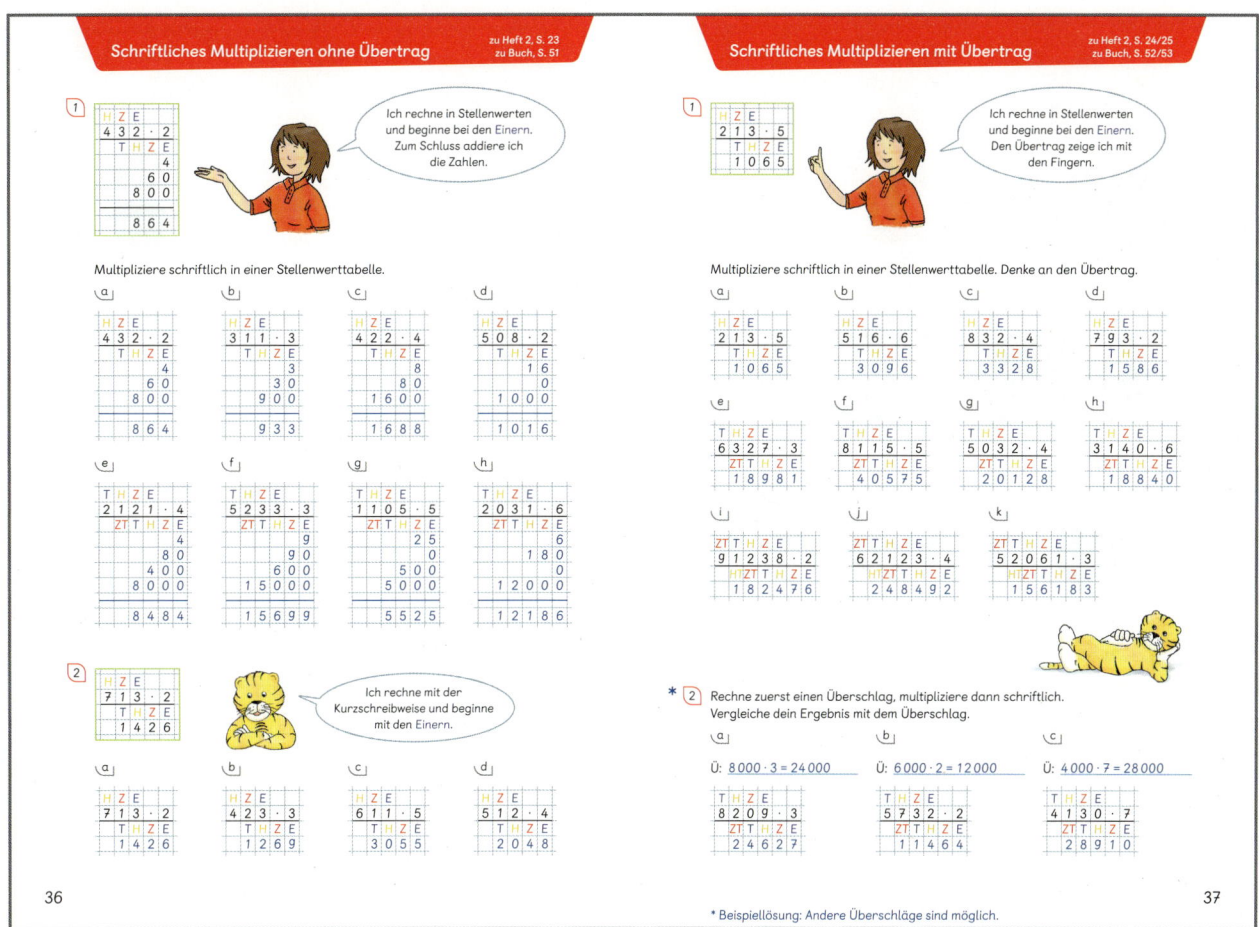

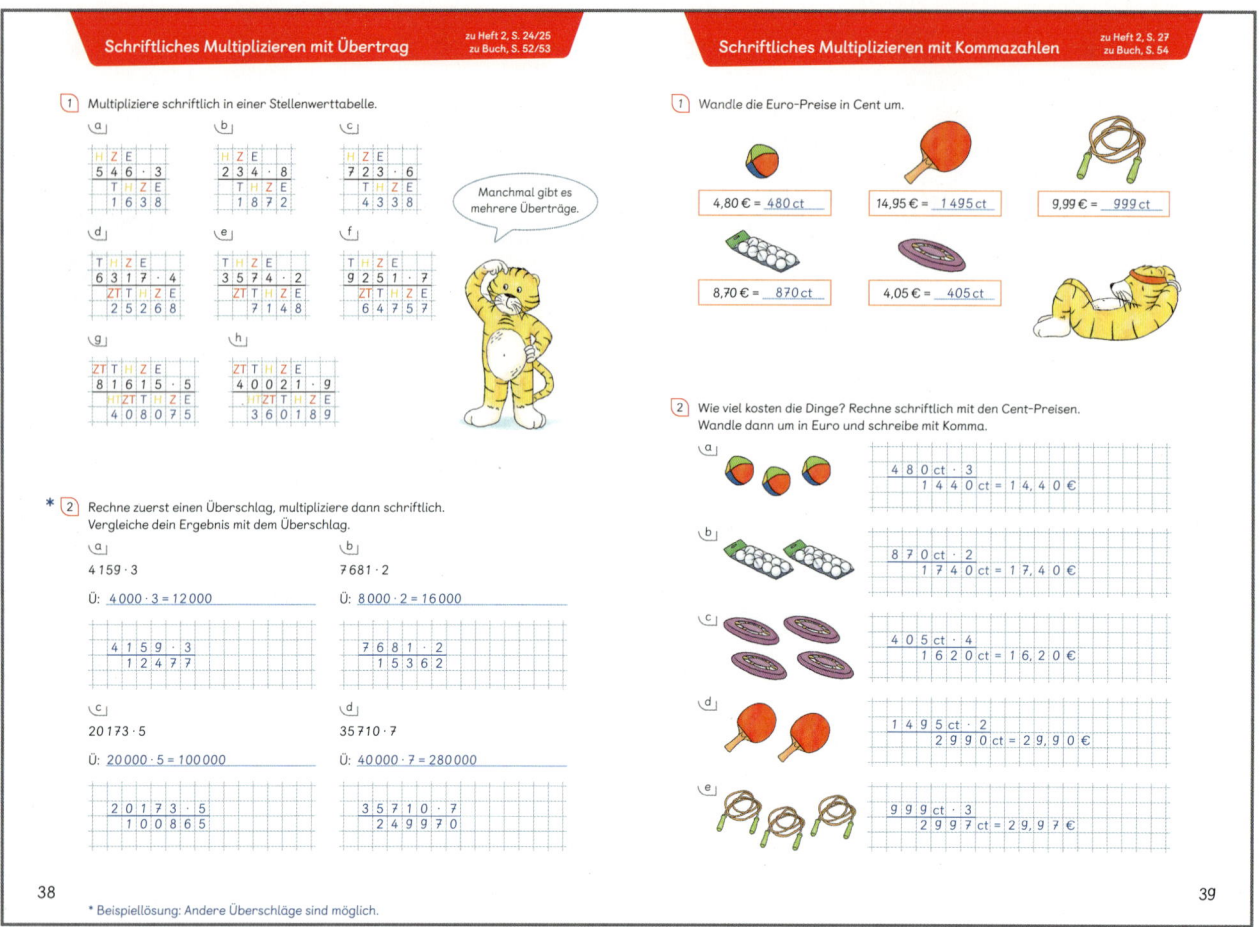

* Beispiellösung: Andere Überschläge sind möglich.

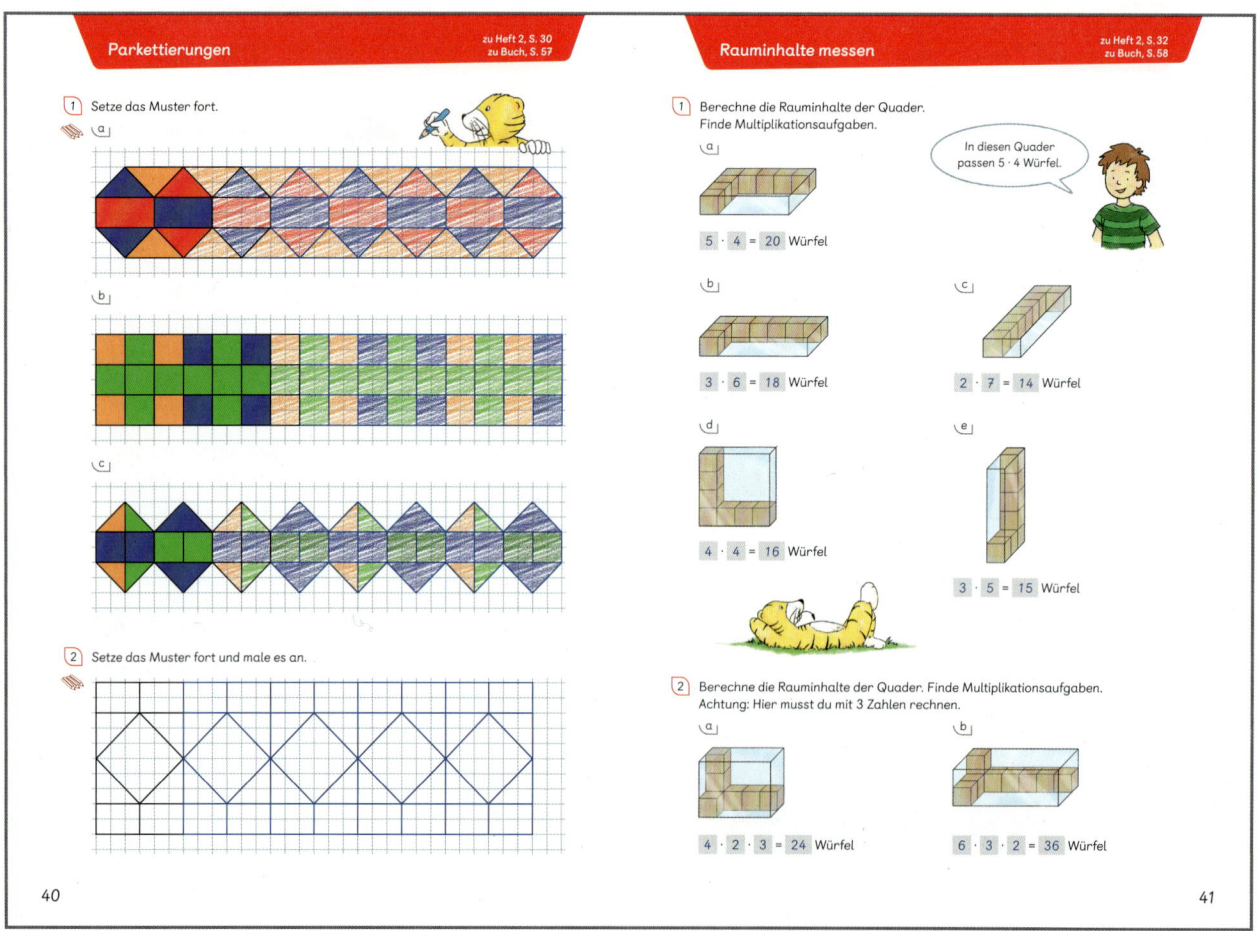

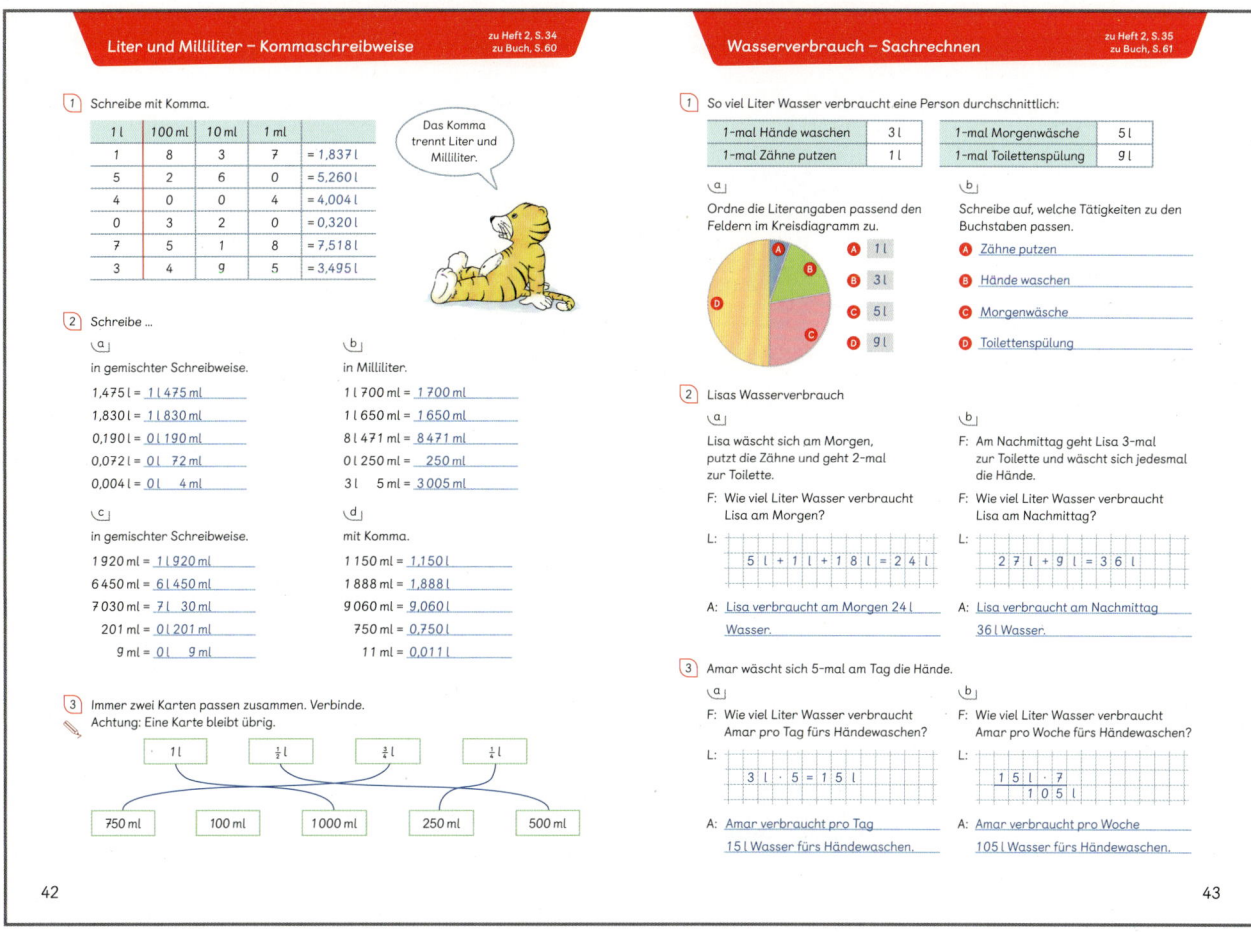

Liter und Milliliter – Kommaschreibweise
zu Heft 2, S. 34 / zu Buch, S. 60

1 Schreibe mit Komma.

1 l	100 ml	10 ml	1 ml	
1	8	3	7	= 1,837 l
5	2	6	0	= 5,260 l
4	0	0	4	= 4,004 l
0	3	2	0	= 0,320 l
7	5	1	8	= 7,518 l
3	4	9	5	= 3,495 l

Das Komma trennt Liter und Milliliter.

2 Schreibe …

a) in gemischter Schreibweise.

1,475 l = 1 l 475 ml
1,830 l = 1 l 830 ml
0,190 l = 0 l 190 ml
0,072 l = 0 l 72 ml
0,004 l = 0 l 4 ml

b) in Milliliter.

1 l 700 ml = 1 700 ml
1 l 650 ml = 1 650 ml
8 l 471 ml = 8 471 ml
0 l 250 ml = 250 ml
3 l 5 ml = 3 005 ml

c) in gemischter Schreibweise.

1 920 ml = 1 l 920 ml
6 450 ml = 6 l 450 ml
7 030 ml = 7 l 30 ml
201 ml = 0 l 201 ml
9 ml = 0 l 9 ml

d) mit Komma.

1 150 ml = 1,150 l
1 888 ml = 1,888 l
9 060 ml = 9,060 l
750 ml = 0,750 l
11 ml = 0,011 l

3 Immer zwei Karten passen zusammen. Verbinde.
Achtung: Eine Karte bleibt übrig.

| 1 l | $\frac{1}{2}$ l | $\frac{3}{4}$ l | $\frac{1}{4}$ l |

| 750 ml | 100 ml | 1 000 ml | 250 ml | 500 ml |

42

Wasserverbrauch – Sachrechnen
zu Heft 2, S. 35 / zu Buch, S. 61

1 So viel Liter Wasser verbraucht eine Person durchschnittlich:

1-mal Hände waschen	3 l	1-mal Morgenwäsche	5 l
1-mal Zähne putzen	1 l	1-mal Toilettenspülung	9 l

a) Ordne die Literangaben passend den Feldern im Kreisdiagramm zu.

A 1 l
B 3 l
C 5 l
D 9 l

b) Schreibe auf, welche Tätigkeiten zu den Buchstaben passen.

A Zähne putzen
B Hände waschen
C Morgenwäsche
D Toilettenspülung

2 Lisas Wasserverbrauch

a) Lisa wäscht sich am Morgen, putzt die Zähne und geht 2-mal zur Toilette.

F: Wie viel Liter Wasser verbraucht Lisa am Morgen?

L: 5 l + 1 l + 18 l = 24 l

A: Lisa verbraucht am Morgen 24 l Wasser.

b) F: Am Nachmittag geht Lisa 3-mal zur Toilette und wäscht sich jedesmal die Hände.

F: Wie viel Liter Wasser verbraucht Lisa am Nachmittag?

L: 27 l + 9 l = 36 l

A: Lisa verbraucht am Nachmittag 36 l Wasser.

3 Amar wäscht sich 5-mal am Tag die Hände.

a) F: Wie viel Liter Wasser verbraucht Amar pro Tag fürs Händewaschen?

L: 3 l · 5 = 15 l

A: Amar verbraucht pro Tag 15 l Wasser fürs Händewaschen.

b) F: Wie viel Liter Wasser verbraucht Amar pro Woche fürs Händewaschen?

L: 15 l · 7
105 l

A: Amar verbraucht pro Woche 105 l Wasser fürs Händewaschen.

43

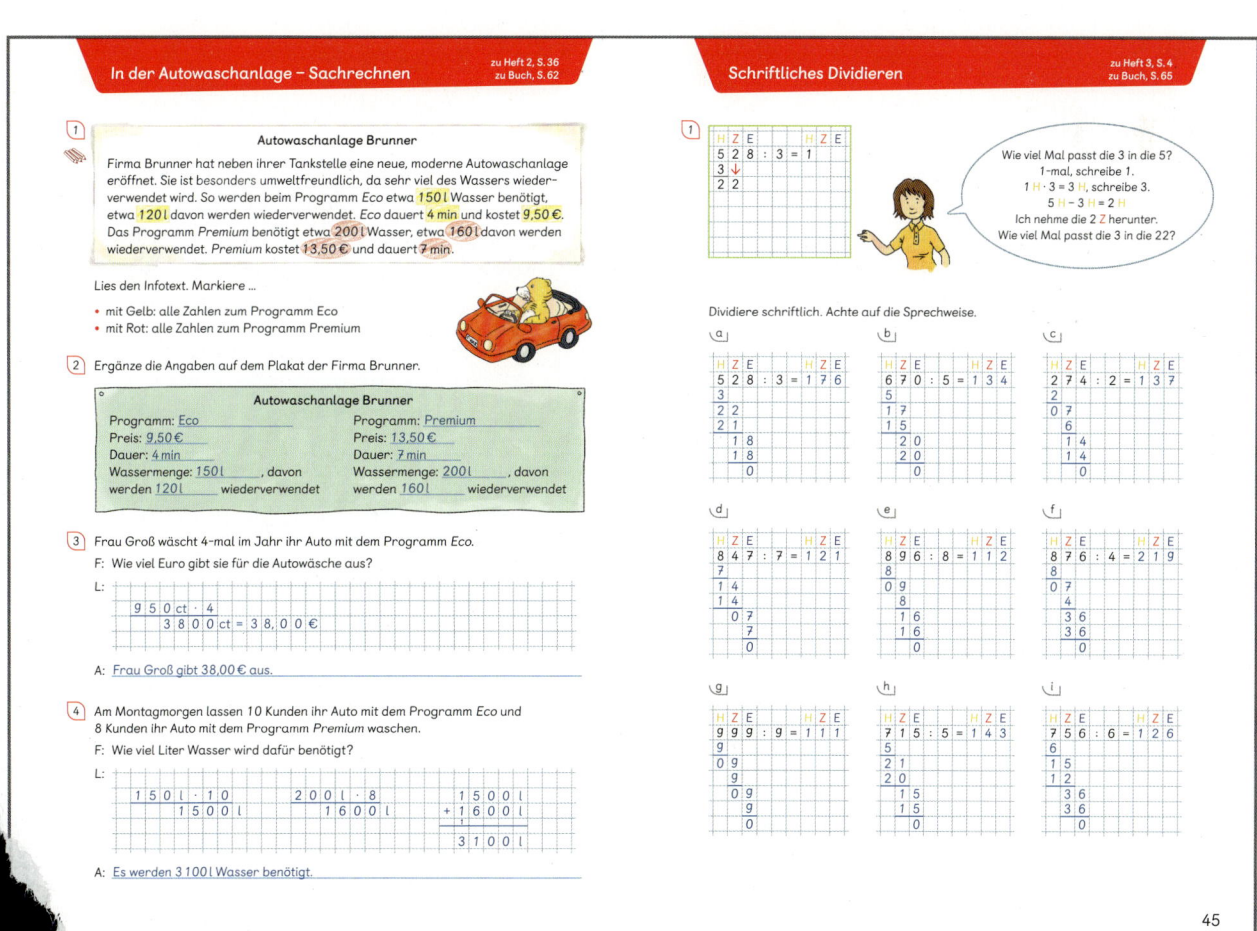

In der Autowaschanlage – Sachrechnen
zu Heft 2, S. 36 / zu Buch, S. 62

1
Autowaschanlage Brunner

Firma Brunner hat neben ihrer Tankstelle eine neue, moderne Autowaschanlage eröffnet. Sie ist besonders umweltfreundlich, da sehr viel des Wassers wiederverwendet wird. So werden beim Programm *Eco* etwa 150 l Wasser benötigt, etwa 120 l davon werden wiederverwendet. *Eco* dauert 4 min und kostet 9,50 €. Das Programm *Premium* benötigt etwa 200 l Wasser, etwa 160 l davon werden wiederverwendet. *Premium* kostet 13,50 € und dauert 7 min.

Lies den Infotext. Markiere …

• mit Gelb: alle Zahlen zum Programm Eco
• mit Rot: alle Zahlen zum Programm Premium

2 Ergänze die Angaben auf dem Plakat der Firma Brunner.

Autowaschanlage Brunner

Programm: Eco	Programm: Premium
Preis: 9,50 €	Preis: 13,50 €
Dauer: 4 min	Dauer: 7 min
Wassermenge: 150 l, davon werden 120 l wiederverwendet	Wassermenge: 200 l, davon werden 160 l wiederverwendet

3 Frau Groß wäscht 4-mal im Jahr ihr Auto mit dem Programm *Eco*.

F: Wie viel Euro gibt sie für die Autowäsche aus?

L:
950 ct · 4
3 800 ct = 38,00 €

A: Frau Groß gibt 38,00 € aus.

4 Am Montagmorgen lassen 10 Kunden ihr Auto mit dem Programm *Eco* und 8 Kunden ihr Auto mit dem Programm *Premium* waschen.

F: Wie viel Liter Wasser wird dafür benötigt?

L:
150 l · 10   200 l · 8   1 500 l
1 500 l   1 600 l   + 1 600 l
                                      3 100 l

A: Es werden 3 100 l Wasser benötigt.

Schriftliches Dividieren
zu Heft 3, S. 4 / zu Buch, S. 65

1

H	Z	E			H	Z	E
5	2	8	: 3 = 1				
3	↓						
2	2						

Wie viel Mal passt die 3 in die 5?
1-mal, schreibe 1.
1 H · 3 = 3 H, schreibe 3.
5 H – 3 H = 2 H
Ich nehme die 2 Z herunter.
Wie viel Mal passt die 3 in die 22?

Dividiere schriftlich. Achte auf die Sprechweise.

a)
H	Z	E			
5	2	8	: 3 = 1	7	6
3					
2	2				
2	1				
	1	8			
	1	8			
		0			

b)
H	Z	E			
6	7	0	: 5 = 1	3	4
5					
1	7				
1	5				
	2	0			
	2	0			
		0			

c)
H	Z	E			
2	7	4	: 2 = 1	3	7
2					
0	7				
	6				
	1	4			
	1	4			
		0			

d)
H	Z	E			
8	4	7	: 7 = 1	2	1
7					
1	4				
1	4				
	0	7			
		7			
		0			

e)
H	Z	E			
8	9	6	: 8 = 1	1	2
8					
0	9				
	8				
	1	6			
	1	6			
		0			

f)
H	Z	E			
8	7	6	: 4 = 2	1	9
8					
0	7				
	4				
	3	6			
	3	6			
		0			

g)
H	Z	E			
9	9	9	: 9 = 1	1	1
9					
0	9				
	9				
	0	9			
		9			
		0			

h)
H	Z	E			
7	1	5	: 5 = 1	4	3
5					
2	1				
2	0				
	1	5			
	1	5			
		0			

i)
H	Z	E			
7	5	6	: 6 = 1	2	6
6					
1	5				
1	2				
	3	6			
	3	6			
		0			

45

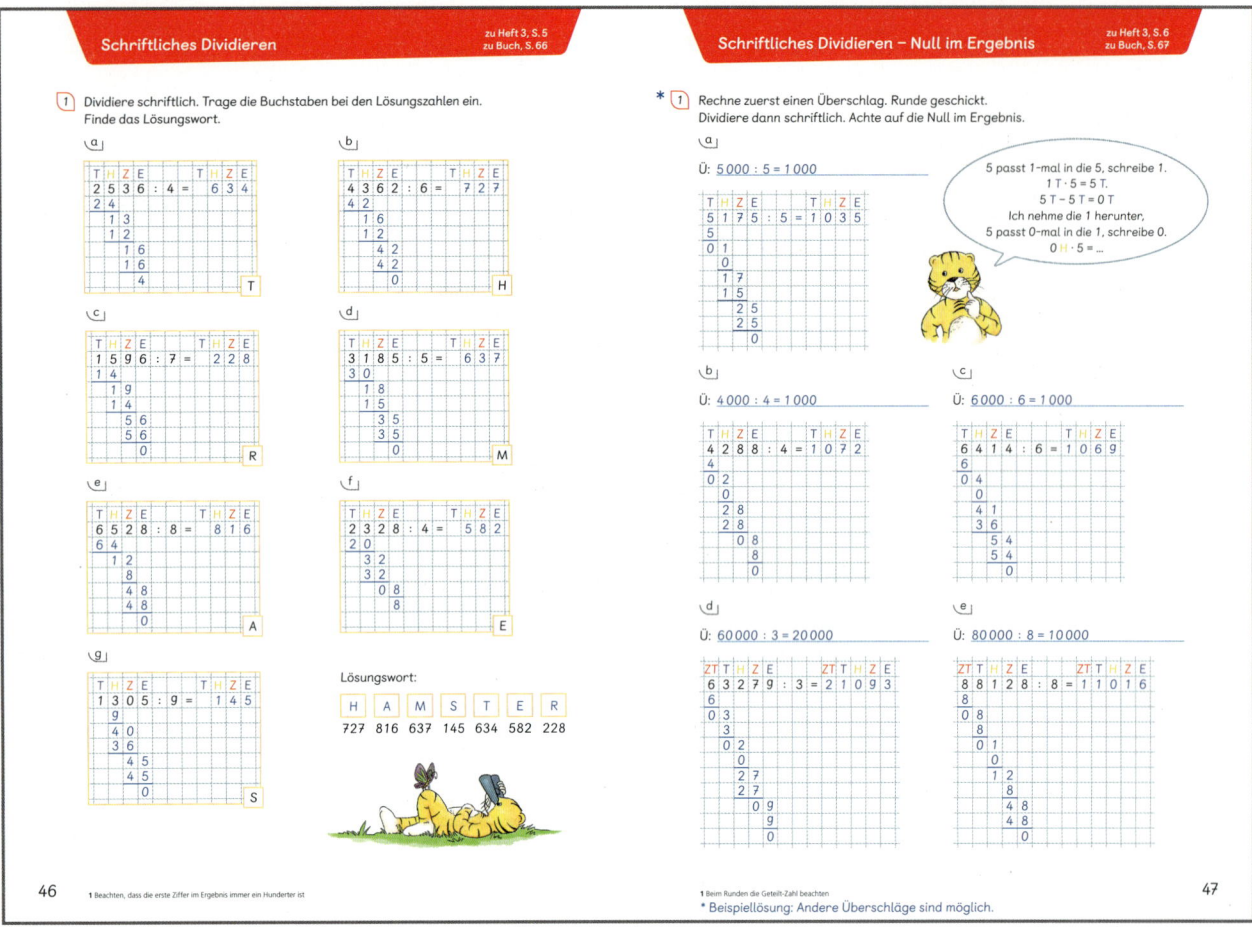

Schriftliches Dividieren
zu Heft 3, S. 5
zu Buch, S. 66

1 Dividiere schriftlich. Trage die Buchstaben bei den Lösungszahlen ein. Finde das Lösungswort.

a)
```
T H Z E       T H Z E
2 5 3 6 : 4 = 6 3 4
2 4
  1 3
  1 2
    1 6
    1 6
       4              T
```

b)
```
T H Z E       T H Z E
4 3 6 2 : 6 = 7 2 7
4 2
  1 6
  1 2
    4 2
    4 2
       0              H
```

c)
```
T H Z E       T H Z E
1 5 9 6 : 7 = 2 2 8
1 4
  1 9
  1 4
    5 6
    5 6
       0              R
```

d)
```
T H Z E       T H Z E
3 1 8 5 : 5 = 6 3 7
3 0
  1 8
  1 5
    3 5
    3 5
       0              M
```

e)
```
T H Z E       T H Z E
6 5 2 8 : 8 = 8 1 6
6 4
  1 2
   8
    4 8
    4 8
       0              A
```

f)
```
T H Z E       T H Z E
2 3 2 8 : 4 = 5 8 2
2 0
  3 2
  3 2
     0 8
       8              E
```

g)
```
T H Z E       T H Z E
1 3 0 5 : 9 = 1 4 5
 9
 4 0
 3 6
   4 5
   4 5
     0              S
```

Lösungswort:

H	A	M	S	T	E	R
727	816	637	145	634	582	228

Schriftliches Dividieren – Null im Ergebnis
zu Heft 3, S. 6
zu Buch, S. 67

* 1 Rechne zuerst einen Überschlag. Runde geschickt. Dividiere dann schriftlich. Achte auf die Null im Ergebnis.

a)
Ü: 5 000 : 5 = 1 000

```
T H Z E       T H Z E
5 1 7 5 : 5 = 1 0 3 5
5
0 1
  0
  1 7
  1 5
    2 5
    2 5
       0
```

5 passt 1-mal in die 5, schreibe 1.
1 T · 5 = 5 T.
5 T – 5 T = 0 T
Ich nehme die 1 herunter,
5 passt 0-mal in die 1, schreibe 0.
0 H · 5 = …

b)
Ü: 4 000 : 4 = 1 000

```
T H Z E       T H Z E
4 2 8 8 : 4 = 1 0 7 2
4
0 2
  0
  2 8
  2 8
    0 8
      8
      0
```

c)
Ü: 6 000 : 6 = 1 000

```
T H Z E       T H Z E
6 4 1 4 : 6 = 1 0 6 9
6
0 4
  0
  4 1
  3 6
    5 4
    5 4
       0
```

d)
Ü: 60 000 : 3 = 20 000

```
Z T T H Z E       Z T T H Z E
6 3 2 7 9 : 3 = 2 1 0 9 3
6
0 3
  3
  0 2
    0
    2 7
    2 7
       0 9
         9
         9
         0
```

e)
Ü: 80 000 : 8 = 10 000

```
Z T T H Z E       Z T T H Z E
8 8 1 2 8 : 8 = 1 1 0 1 6
8
0 8
  8
  0 1
    0
    1 2
     8
     4 8
     4 8
        0
```

46
1 Beachten, dass die erste Ziffer im Ergebnis immer ein Hunderter ist

47
1 Beim Runden die Geteilt-Zahl beachten
* Beispiellösung: Andere Überschläge sind möglich.

Schriftliches Dividieren üben
zu Heft 3, S. 6
zu Buch, S. 67

1 Dividiere schriftlich. Beachte die Ergebnisse.

a) 26 664 : 4

```
2 6 6 6 4 : 4 = 6 6 6 6
2 4
  2 6
  2 4
    2 6
    2 4
      2 4
      2 4
         0
```

b) 42 420 : 7

```
4 2 4 2 0 : 7 = 6 0 6 0
4 2
  0 4
    0
    4 2
    4 2
       0 0
          0
```

c) 617 280 : 5

```
6 1 7 2 8 0 : 5 = 1 2 3 4 5 6
5
1 1
1 0
  1 7
  1 5
    2 2
    2 0
      2 8
      2 5
        3 0
        3 0
           0
```

d) 162 963 : 3

```
1 6 2 9 6 3 : 3 = 5 4 3 2 1
1 5
  1 2
  1 2
    0 9
      0 6
        0 3
          3
          0
```

* 2 Können die Ergebnisse stimmen? Überprüfe mit einem Überschlag.

a)
2 457 : 3 = 819
Ü: 2 400 : 3 = 800
819 kann stimmen.

b)
7 304 : 7 = 10 450
Ü: 7 000 : 7 = 1 000
10 450 kann nicht stimmen

c)
16 864 : 4 = 421
Ü: 16 000 : 4 = 4 000
421 kann nicht stimmen

d)
305 214 : 6 = 50 869
Ü: 300 000 : 6 = 50 000
50 869 kann stimmen

Schriftliches Dividieren mit Kommazahlen
zu Heft 3, S. 8
zu Buch, S. 68

* 1

Entscheide, wie du mit Kommazahlen dividieren willst: Umwandeln, dividieren, wieder umwandeln oder mit Kommazahlen dividieren. Unterstreiche deine Entscheidung.

Dividiere schriftlich auf deine Weise.

a) 6,32 € : 4

```
6 , 3 2 € : 4 = 1 , 5 8 €
4
2 3
2 0
  3 2
  3 2
     0
```

b) 17,70 € : 5

```
1 7 , 7 0 € : 5 = 3 , 5 4 €
1 5
  2 7
  2 5
    2 0
    2 0
       0
```

c) 53,76 € : 8

```
5 3 , 7 6 € : 8 = 6 , 7 2 €
4 8
  5 7
  5 6
    1 6
    1 6
       0
```

d) 152,19 € : 9

```
1 5 2 , 1 9 € : 9 = 1 6 , 9 1 €
9
6 2
5 4
  8 1
  8 1
    0 9
      9
      0
```

* 2 Die Geschwister Lea, Tom und Noel haben in der Spardose genau 48,72 €. Das Geld teilen die Geschwister gerecht untereinander auf.

F: Wie viel Geld bekommt jedes Kind?

A: Jedes Kind bekommt 16,24 €.

L:
```
4 8 , 7 2 € : 3 = 1 6 , 2 4 €
3
1 8
1 8
  0 7
    6
    1 2
    1 2
       0
```

48
1 Die Ergebnisse sind immer auffällige Zahlenfolgen
* Beispiellösung: Andere Überschläge sind möglich.

* Beispiellösung: Andere Lösungswege sind möglich.

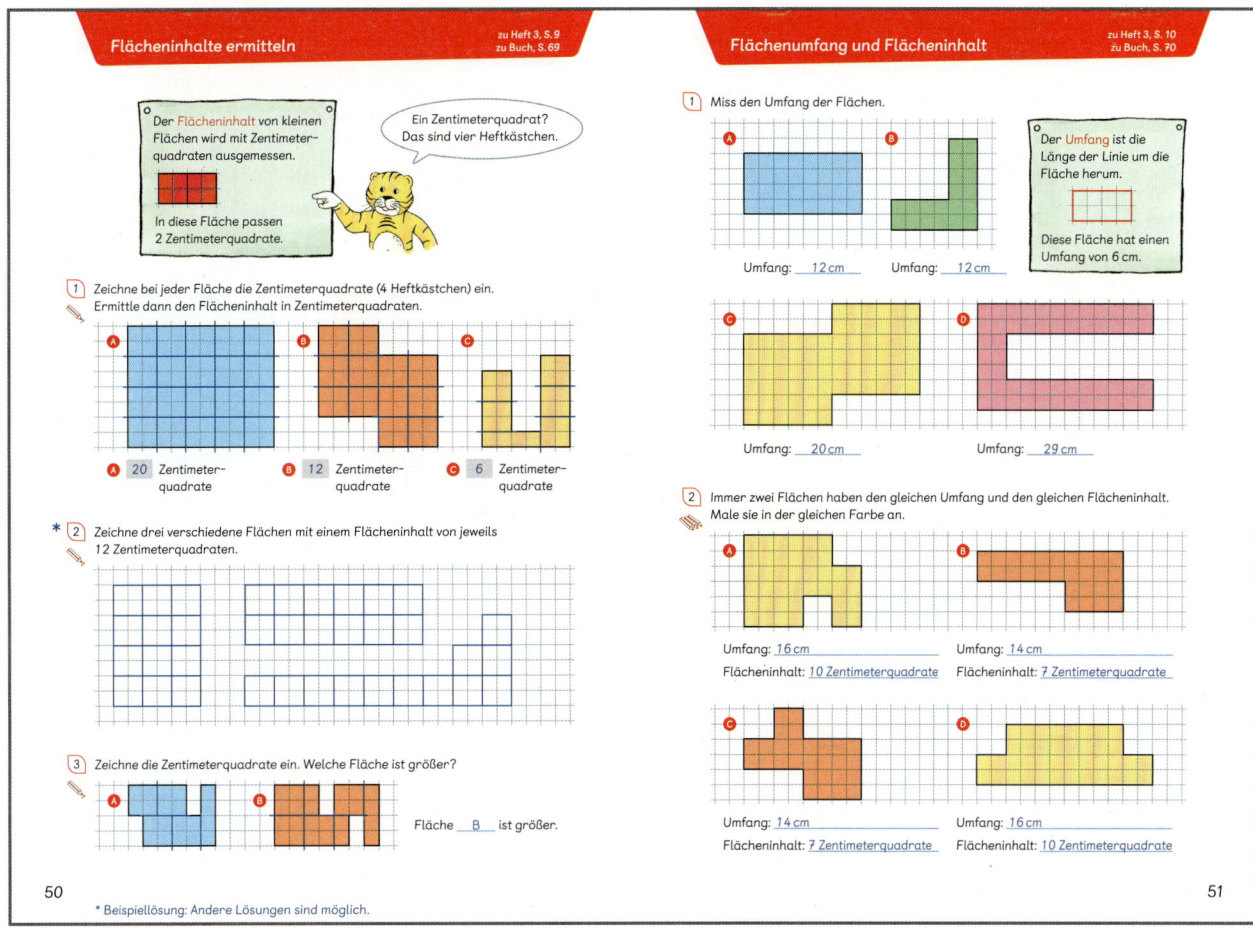

Flächeninhalte ermitteln
zu Heft 3, S.9
zu Buch, S.69

Der Flächeninhalt von kleinen Flächen wird mit Zentimeterquadraten ausgemessen.

In diese Fläche passen 2 Zentimeterquadrate.

Ein Zentimeterquadrat? Das sind vier Heftkästchen.

1 Zeichne bei jeder Fläche die Zentimeterquadrate (4 Heftkästchen) ein. Ermittle dann den Flächeninhalt in Zentimeterquadraten.

A 20 Zentimeter-quadrate
B 12 Zentimeter-quadrate
C 6 Zentimeter-quadrate

*2 Zeichne drei verschiedene Flächen mit einem Flächeninhalt von jeweils 12 Zentimeterquadraten.

3 Zeichne die Zentimeterquadrate ein. Welche Fläche ist größer?

Fläche B ist größer.

50
* Beispiellösung: Andere Lösungen sind möglich.

Flächenumfang und Flächeninhalt
zu Heft 3, S.10
zu Buch, S.70

1 Miss den Umfang der Flächen.

Der Umfang ist die Länge der Linie um die Fläche herum.
Diese Fläche hat einen Umfang von 6 cm.

A Umfang: 12 cm
B Umfang: 12 cm
C Umfang: 20 cm
D Umfang: 29 cm

2 Immer zwei Flächen haben den gleichen Umfang und den gleichen Flächeninhalt. Male sie in der gleichen Farbe an.

A Umfang: 16 cm
Flächeninhalt: 10 Zentimeterquadrate

B Umfang: 14 cm
Flächeninhalt: 7 Zentimeterquadrate

C Umfang: 14 cm
Flächeninhalt: 7 Zentimeterquadrate

D Umfang: 16 cm
Flächeninhalt: 10 Zentimeterquadrate

51

Flächenumfang und Flächeninhalt – Sachrechnen
zu Heft 3, S.11
zu Buch, S.71

1 Zeichne die Skizze fertig, finde einen Lösungsweg (L) und eine Antwort (A).

Das Wohnzimmer von Familie Flum ist 4 m breit und 6 m lang. Ringsum werden neue Bodenleisten angebracht. An der Tür (Breite 1 m) und an der Terrassentür (Breite 2 m) wird keine Leiste angebracht.

F: Wie viel Meter Leiste benötigt Familie Flum?

L: (Skizze: 6 m, 1 m, Wohnzimmer, 4 m, 2 m)

Umfang:
6 m + 4 m + 6 m + 4 m = 20 m
20 m − 2 m − 1 m = 17 m

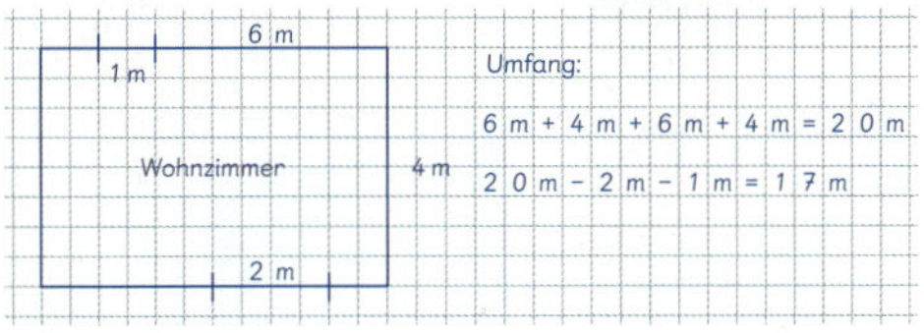

A: Familie Flum benötigt 17 m Leiste.

*2 Finde einen Lösungsweg (L) mit Skizze und eine Antwort (A).

Herr Flum verlegt Fliesen auf der Terrasse. Die Terrasse ist 7 m lang und 5 m breit. Die Fliesen sind quadratisch und haben eine Seitenlänge von 50 cm.

F: Wie viele Fliesen benötigt Herr Flum?

L: (Skizze: 7 m, 5 m) 14 · 10 = 140

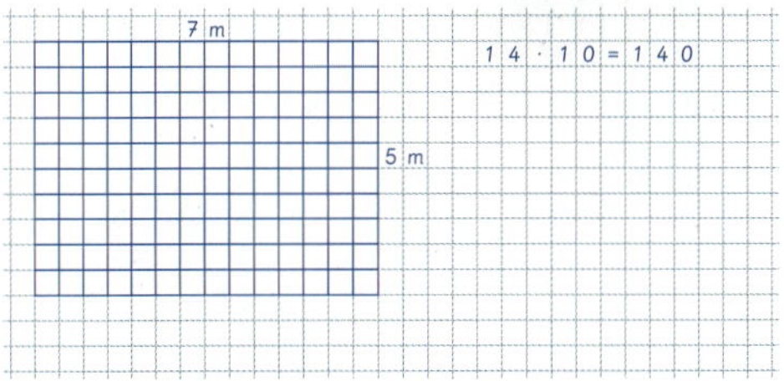

A: Herr Flum benötigt 140 Fliesen.

52
* Beispiellösung: Andere Lösungswege sind möglich.

Teiler
zu Heft 3, S.15
zu Buch, S.73

1 Dividiere und finde die Teiler von 10.

10 : 1 = 10
10 : 2 = 5
10 : 3 = 3 R 1
10 : 4 = 2 R 2
10 : 5 = 2

10 : 6 = 1 R 4
10 : 7 = 1 R 3
10 : 8 = 1 R 2
10 : 9 = 1 R 1
10 : 10 = 1

Wenn kein Rest bleibt, ist die Geteilt-Zahl ein Teiler.

Teiler von 10: 1, 2, 5, 10

2 Suche die Teiler der Zahlen. Schreibe nur die Aufgaben auf, bei denen kein Rest bleibt.

15
15 : 1 = 15
15 : 3 = 5
15 : 5 = 3
15 : 15 = 1
Teiler von 15:
1, 3, 5, 15

32
32 : 1 = 32
32 : 2 = 16
32 : 4 = 8
32 : 8 = 4
32 : 16 = 2
32 : 32 = 1
Teiler von 32:
1, 2, 4, 8, 16, 32

24
24 : 1 = 24
24 : 2 = 12
24 : 3 = 8
24 : 4 = 6
24 : 6 = 4
24 : 8 = 3
24 : 12 = 2
24 : 24 = 1
Teiler von 24:
1, 2, 3, 4, 6, 8, 12, 24

3 Finde mit möglichst wenigen Aufgaben alle Teiler der Zahlen.

25
25 : 1 = 25
25 : 5 = 5
Teiler von 25:
1, 5, 25

40
40 : 1 = 40
40 : 2 = 20
40 : 4 = 10
40 : 5 = 8
Teiler von 40:
1, 2, 4, 5, 8, 10, 20, 40

36
36 : 1 = 36
36 : 2 = 18
36 : 3 = 12
36 : 4 = 9
36 : 6 = 6
Teiler von 36:
1, 2, 3, 4, 6, 9, 12, 18, 36

53

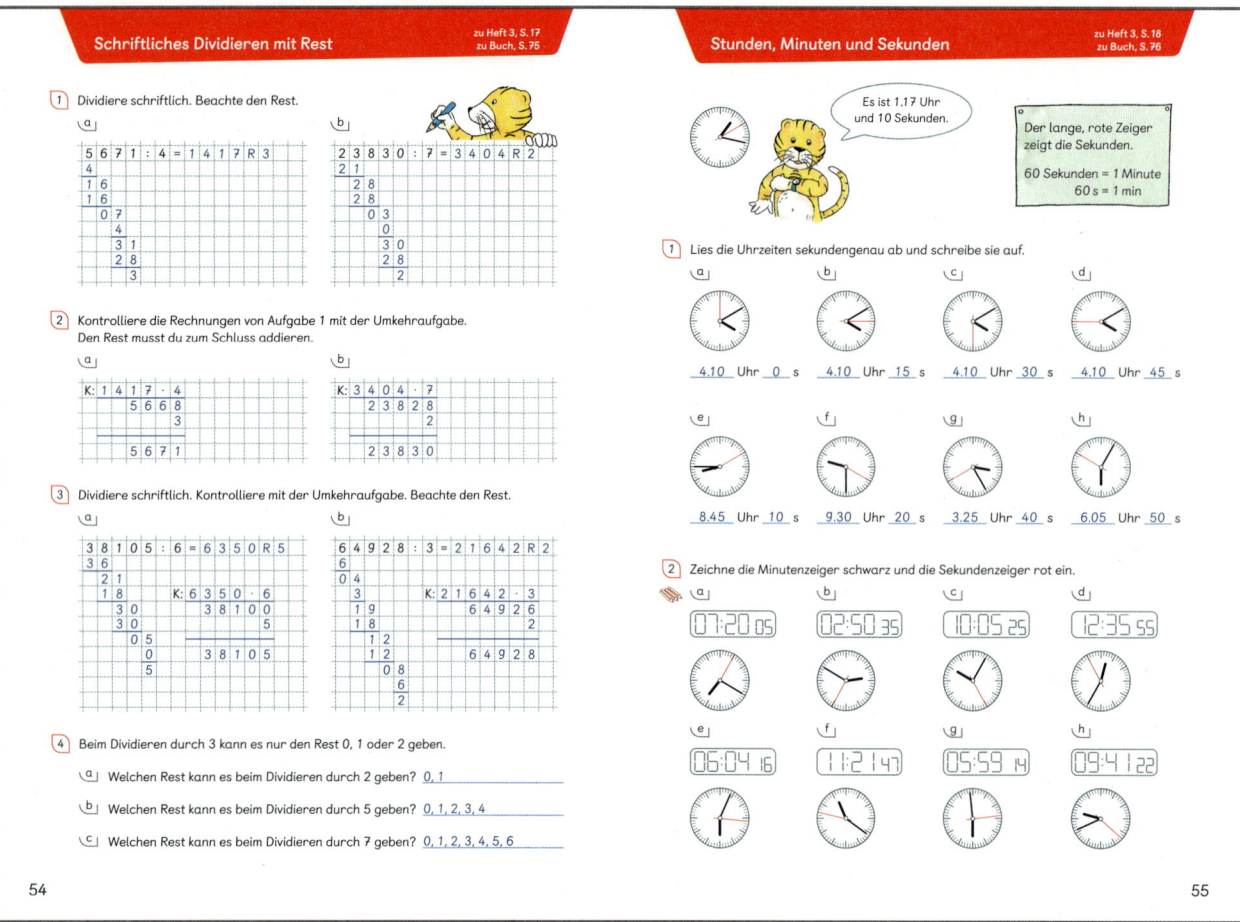

Schriftliches Dividieren mit Rest
zu Heft 3, S. 17
zu Buch, S. 75

1 Dividiere schriftlich. Beachte den Rest.

a)
5 6 7 1 : 4 = 1 4 1 7 R 3
4
1 6
1 6
0 7
4
3 1
2 8
3

b)
2 3 8 3 0 : 7 = 3 4 0 4 R 2
2 1
2 8
2 8
0 3
0
3 0
2 8
2

2 Kontrolliere die Rechnungen von Aufgabe 1 mit der Umkehraufgabe.
Den Rest musst du zum Schluss addieren.

a)
K: 1 4 1 7 · 4
5 6 6 8
3
5 6 7 1

b)
K: 3 4 0 4 · 7
2 3 8 2 8
2
2 3 8 3 0

3 Dividiere schriftlich. Kontrolliere mit der Umkehraufgabe. Beachte den Rest.

a)
3 8 1 0 5 : 6 = 6 3 5 0 R 5
3 6
2 1
1 8   K: 6 3 5 0 · 6
3 0   3 8 1 0 0
3 0   5
0 5   ‾‾‾‾‾‾‾‾‾‾
0   3 8 1 0 5
5

b)
6 4 9 2 8 : 3 = 2 1 6 4 2 R 2
6
0 4
3   K: 2 1 6 4 2 · 3
1 9   6 4 9 2 6
1 8   2
1 2   ‾‾‾‾‾‾‾‾‾‾
1 2   6 4 9 2 8
0 8
6
2

4 Beim Dividieren durch 3 kann es nur den Rest 0, 1 oder 2 geben.

a) Welchen Rest kann es beim Dividieren durch 2 geben? 0, 1

b) Welchen Rest kann es beim Dividieren durch 5 geben? 0, 1, 2, 3, 4

c) Welchen Rest kann es beim Dividieren durch 7 geben? 0, 1, 2, 3, 4, 5, 6

Stunden, Minuten und Sekunden
zu Heft 3, S. 18
zu Buch, S. 76

Es ist 1.17 Uhr und 10 Sekunden.

Der lange, rote Zeiger zeigt die Sekunden.
60 Sekunden = 1 Minute
60 s = 1 min

1 Lies die Uhrzeiten sekundengenau ab und schreibe sie auf.

a) 4.10 Uhr 0 s
b) 4.10 Uhr 15 s
c) 4.10 Uhr 30 s
d) 4.10 Uhr 45 s

e) 8.45 Uhr 10 s
f) 9.30 Uhr 20 s
g) 3.25 Uhr 40 s
h) 6.05 Uhr 50 s

2 Zeichne die Minutenzeiger schwarz und die Sekundenzeiger rot ein.

a) 07:20 05
b) 02:50 35
c) 10:05 25
d) 12:35 55

e) 06:04 16
f) 11:21 47
g) 05:59 14
h) 09:41 22

Stunden, Minuten, Sekunden – Sachrechnen
zu Heft 3, S. 19
zu Buch, S. 77

1

Mini-Marathon

Läufer	Zeit min:s	Läufer	Zeit min:s
1. Läufer	9:40	6. Läufer	8:32
2. Läufer	8:52	7. Läufer	9:35
3. Läufer	8:27	8. Läufer	9:10
4. Läufer	9:05	9. Läufer	7:57
5. Läufer	7:55	10. Läufer	8:55

Die Kinder sprechen über ihre Ergebnisse beim Schulwettbewerb Mini-Marathon.
Lies und ergänze mithilfe der Tabelle.

Ich war der 3. Läufer.
Läufer: 3
Zeit: 8 min 27 s

Ich war der Schnellste.
Läufer: 5
Zeit: 7 min 55 s

Ich bin ebenfalls unter 8 Minuten gelaufen.
Läufer: 9
Zeit: 7 min 57 s

Ich war eine Minute langsamer als Ben.
Läufer: 10
Zeit: 8 min 55 s

Ich war 30 Sekunden schneller als der Langsamste.
Läufer: 8
Zeit: 9 min 10 s

Figuren vergrößern und verkleinern
zu Heft 3, S. 22
zu Buch, S. 80

1 Zeichne die Figur vergrößert ab. Jede Seite soll doppelt so lang sein.

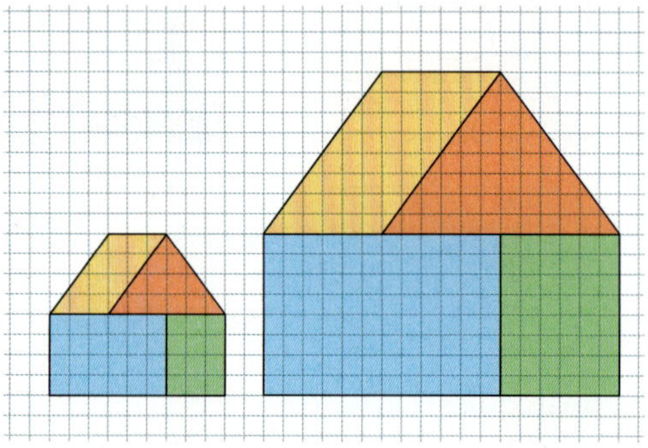

2 Zeichne die Figur verkleinert ab.
Jede Seite soll halb so lang sein.

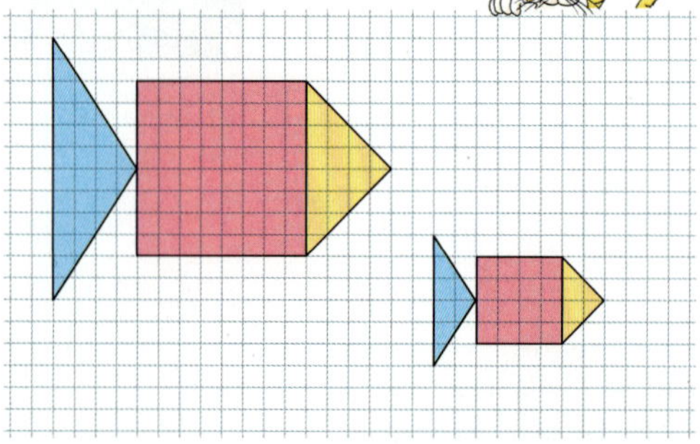

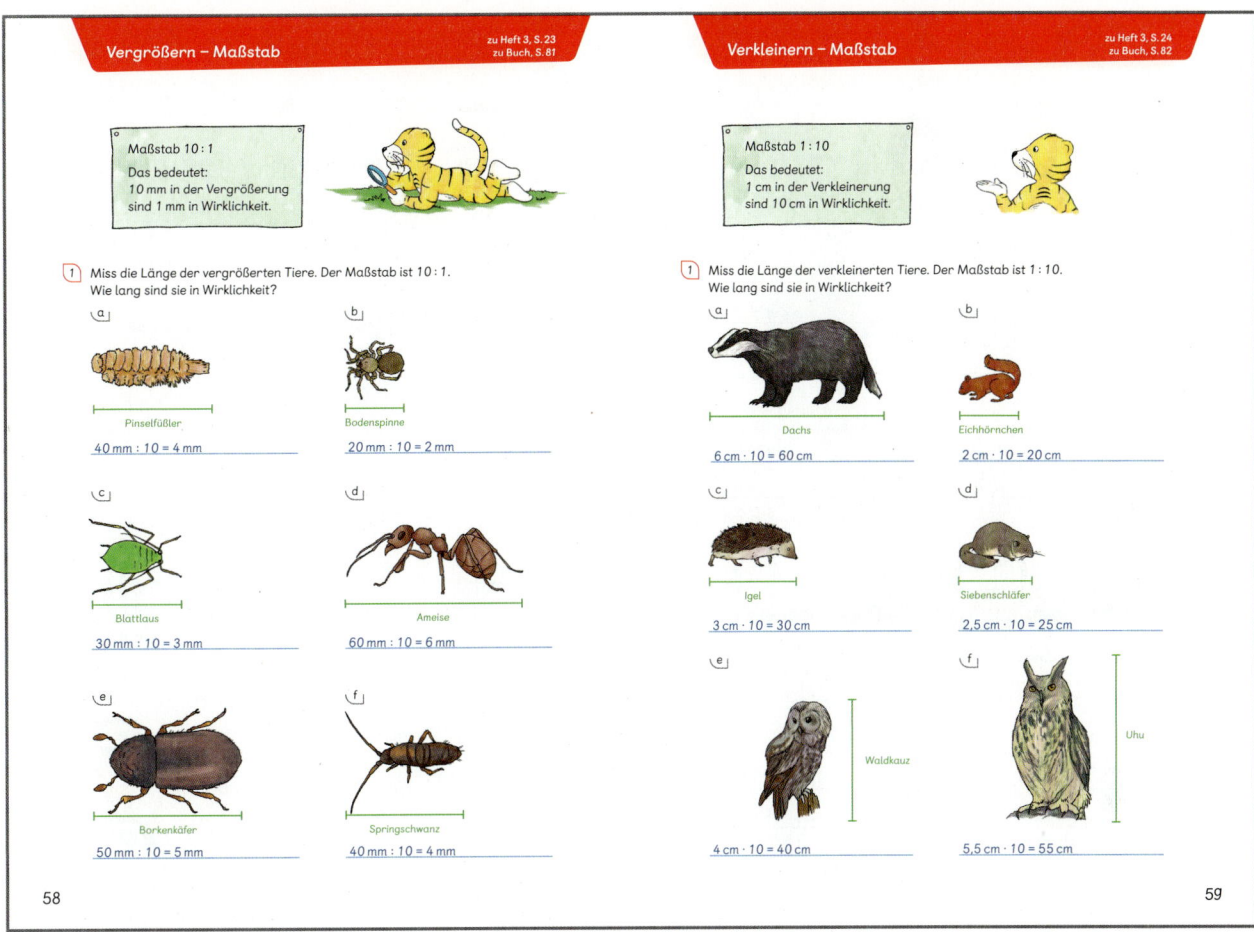

Vergrößern – Maßstab

zu Heft 3, S. 23
zu Buch, S. 81

Maßstab 10 : 1

Das bedeutet:
10 mm in der Vergrößerung
sind 1 mm in Wirklichkeit.

1 Miss die Länge der vergrößerten Tiere. Der Maßstab ist 10 : 1.
Wie lang sind sie in Wirklichkeit?

a Pinselfüßler
40 mm : 10 = 4 mm

b Bodenspinne
20 mm : 10 = 2 mm

c Blattlaus
30 mm : 10 = 3 mm

d Ameise
60 mm : 10 = 6 mm

e Borkenkäfer
50 mm : 10 = 5 mm

f Springschwanz
40 mm : 10 = 4 mm

58

Verkleinern – Maßstab

zu Heft 3, S. 24
zu Buch, S. 82

Maßstab 1 : 10

Das bedeutet:
1 cm in der Verkleinerung
sind 10 cm in Wirklichkeit.

1 Miss die Länge der verkleinerten Tiere. Der Maßstab ist 1 : 10.
Wie lang sind sie in Wirklichkeit?

a Dachs
6 cm · 10 = 60 cm

b Eichhörnchen
2 cm · 10 = 20 cm

c Igel
3 cm · 10 = 30 cm

d Siebenschläfer
2,5 cm · 10 = 25 cm

e Waldkauz
4 cm · 10 = 40 cm

f Uhu
5,5 cm · 10 = 55 cm

59

Im Stadtplan Entfernungen berechnen

zu Heft 3, S. 26
zu Buch, S. 84

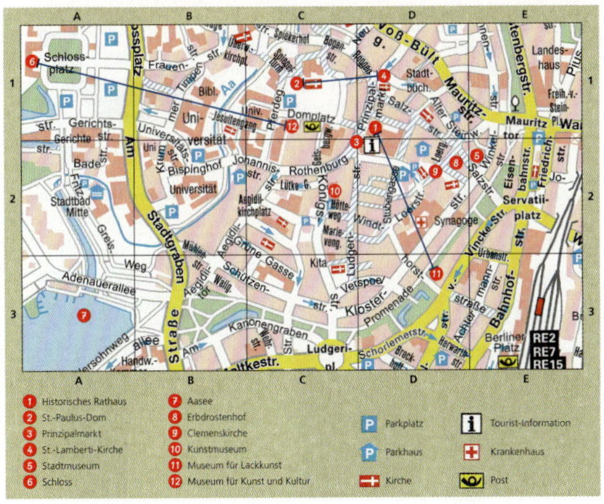

1 Historisches Rathaus
2 St.-Paulus-Dom
3 Prinzipalmarkt
4 St.-Lamberti-Kirche
5 Stadtmuseum
6 Schloss
7 Aasee
8 Erbdrostenhof
9 Clemenskirche
10 Kunstmuseum
11 Museum für Lackkunst
12 Museum für Kunst und Kultur

P Parkplatz
P Parkhaus
Kirche
i Tourist-Information
Krankenhaus
Post

1 Verbinde im Stadtplan von Münster folgende Orte:
a St.-Paulus-Dom – St.-Lamberti-Kirche
b Museum für Lackkunst – Historisches Rathaus
c Schloss – Museum für Kunst und Kultur

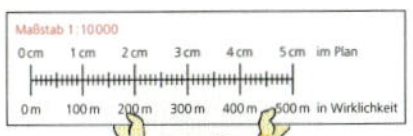

2 Der Maßstab des Stadtplans beträgt 1 : 10 000.
Miss die Entfernungen aus Aufgabe 1 auf
dem Plan (Luftlinie) auf Millimeter genau.
Rechne dann um in Meter.

Maßstab 1 : 10 000
0 cm 1 cm 2 cm 3 cm 4 cm 5 cm im Plan
0 m 100 m 200 m 300 m 400 m 500 m in Wirklichkeit

a 2,2 cm im Plan sind 220 m in Wirklichkeit.
b 4,2 cm im Plan sind 420 m in Wirklichkeit.
c 7,5 cm im Plan sind 750 m in Wirklichkeit.

60

Schriftliches Multiplizieren mit großen Zahlen

zu Heft 3, S. 27
zu Buch, S. 85

1

Ich rechne zuerst mal 3,
dann hänge ich eine Null an.
Das heißt mal 10 rechnen.

423 · 30
12 690

Multipliziere wie Ben.

a 423 · 30
12 690

b 7 134 · 20
142 680

c 22 102 · 40
884 080

d 831 · 50
41 550

e 6 402 · 90
576 180

f 13 715 · 70
960 050

2 Multipliziere schriftlich.

a 976 · 100
97 600

b 385 · 100
38 500

„Mal 100" rechnen?
Das heißt zwei Nullen
anhängen.

c 423 · 300
126 900

d 514 · 200
102 800

e 839 · 600
503 400

f 647 · 500
323 500

3 Multipliziere schriftlich.

a 2 509 · 40
2 509 · 40
100 360

b 1 813 · 70
1 813 · 70
126 910

c 634 · 500
634 · 500
317 000

61

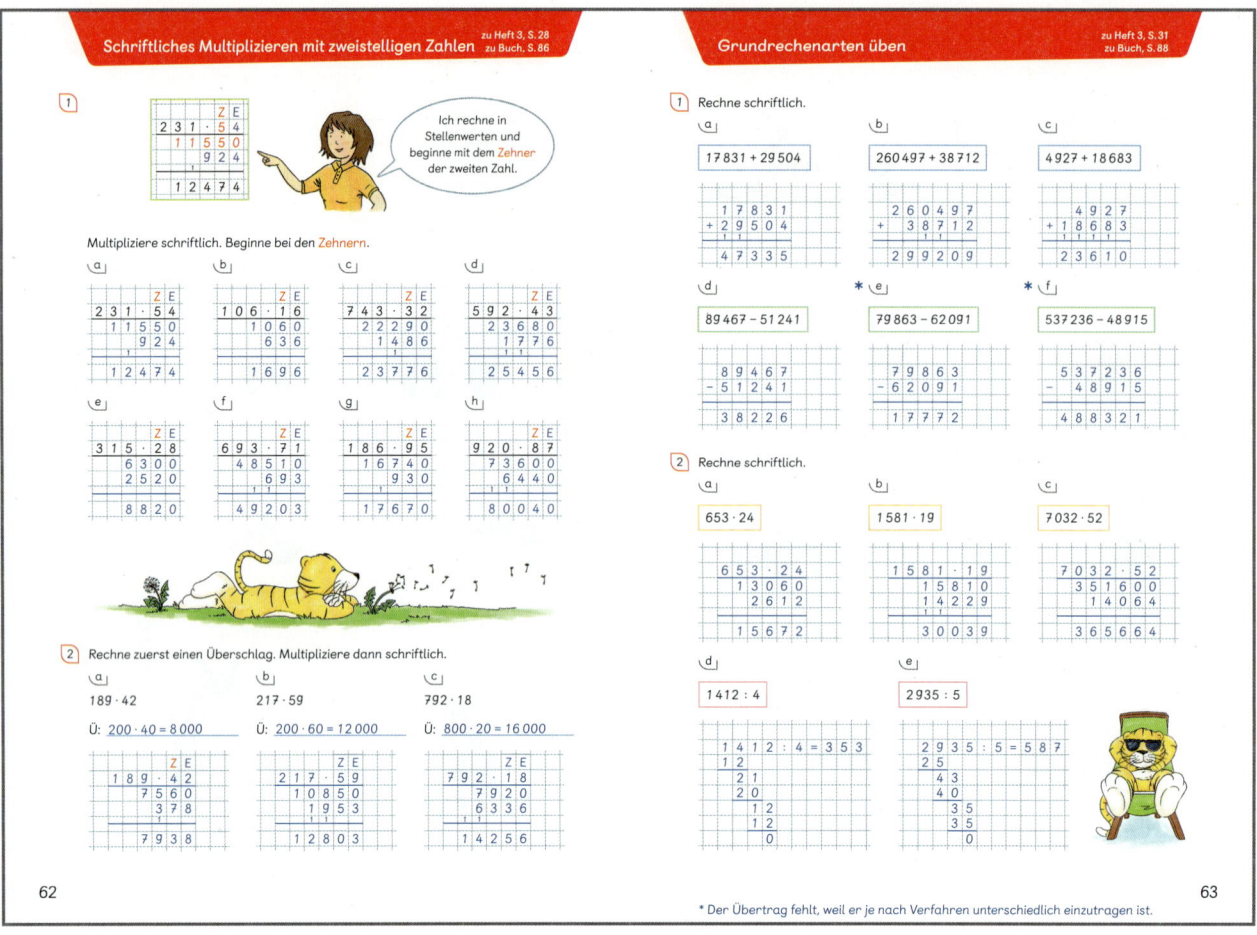

Schriftliches Multiplizieren mit zweistelligen Zahlen
zu Heft 3, S. 28
zu Buch, S. 86

①
Ich rechne in Stellenwerten und beginne mit dem Zehner der zweiten Zahl.

		Z	E
2 3 1	·	5	4
1 1 5 5 0			
9 2 4			
1 2 4 7 4			

Multipliziere schriftlich. Beginne bei den Zehnern.

ⓐ 231 · 54
11550
924
12474

ⓑ 106 · 16
1060
636
1696

ⓒ 743 · 32
22290
1486
23776

ⓓ 592 · 43
23680
1776
25456

ⓔ 315 · 28
6300
2520
8820

ⓕ 693 · 71
48510
693
49203

ⓖ 186 · 95
16740
930
17670

ⓗ 920 · 87
73600
6440
80040

② Rechne zuerst einen Überschlag. Multipliziere dann schriftlich.

ⓐ 189 · 42
Ü: 200 · 40 = 8 000
189 · 42
7560
378
7938

ⓑ 217 · 59
Ü: 200 · 60 = 12 000
217 · 59
10850
1953
12803

ⓒ 792 · 18
Ü: 800 · 20 = 16 000
792 · 18
6336
14256

Seite 62

Grundrechenarten üben
zu Heft 3, S. 31
zu Buch, S. 88

① Rechne schriftlich.

ⓐ 17 831 + 29 504
17 831
+ 29 504
47 335

ⓑ 260 497 + 38 712
260 497
+ 38 712
299 209

ⓒ 4 927 + 18 683
4 927
+ 18 683
23 610

ⓓ 89 467 − 51 241
89 467
− 51 241
38 226

*ⓔ 79 863 − 62 091
79 863
− 62 091
17 772

*ⓕ 537 236 − 48 915
537 236
− 48 915
488 321

② Rechne schriftlich.

ⓐ 653 · 24
13 060
2 612
15 672

ⓑ 1 581 · 19
15 810
14 229
30 039

ⓒ 7 032 · 52
351 600
14 064
365 664

ⓓ 1412 : 4 = 353
12
21
20
12
12
0

ⓔ 2935 : 5 = 587
25
43
40
35
35
0

* Der Übertrag fehlt, weil er je nach Verfahren unterschiedlich einzutragen ist.

Seite 63

Grundrechenarten üben
zu Heft 3, S. 31
zu Buch, S. 88

① Immer zwei Karten passen zusammen. Male sie in der gleichen Farbe an. Löse die Aufgaben. Achtung: Zwei Karten bleiben übrig.

Berechne das Produkt aus 3 894 und 3.

Berechne die Summe aus 321 894 und 156 743.

Berechne den Quotienten aus 3 894 und 3.

Berechne die Summe aus 3 894 und 41 678.

Berechne die Differenz aus 321 894 und 156 743.

Berechne das Produkt aus 1 678 und 25.

3 894
+ 41 678
45 572

1 678 · 25
3 3560
8 390
41 950

3 894 · 3
11 682

3 21 894
− 1 56 743
1 65 151

41 678
− 3 894

3 894 · 25

3 21 894
+ 1 56 743
4 78 637

3 894 : 3 = 1 298
3
08
6
29
27
24
24
0

Seite 64

Tiere wandern um die Welt – Sachrechnen
zu Heft 3, S. 36/37
zu Buch, S. 92/93

Der Blauwal ist das größte Tier der Erde. Sein Herz schlägt höchstens 6-mal in einer Minute. Er kann bis zu 20 Minuten unter Wasser bleiben, dann muss er auftauchen, um Luft zu holen. Pro Tag frisst der Blauwal 4 Tonnen Plankton und kleine Krebse. Ein Blauwal-Baby trinkt pro Tag 240 Liter Muttermilch.

*① Löse die Aufgaben mithilfe der Tabellen und schreibe die passenden Antworten auf.

ⓐ F: Wie oft schlägt das Herz eines Blauwals an einem Tag?

Zeit	1 min	10 min	1 h	2 h	10 h	12 h	24 h
Herzschläge	6	60	360	720	3 600	4 320	8 640

A: An einem Tag schlägt das Herz 8 640-mal.

ⓑ F: Wie viele Tonnen Nahrung braucht der Blauwal in einem Monat (30 Tage)?

Tage	1	2	3	5	10	20	30
Nahrung in t	4	8	12	20	40	80	120

A: In einem Monat braucht der Wal 120 t Nahrung.

ⓒ F: Wie viel Mal muss der Blauwal an einem Tag mindestens Luft holen?

Zeit	20 min	40 min	1 h	2 h	10 h	12 h	24 h
Luft holen	1	2	3	6	30	36	72

A: An einem Tag muss der Blauwal mindestens 72-mal Luft holen.

ⓓ F: Wie viel Liter Muttermilch trinkt ein Blauwal-Baby im Monat (30 Tage)?

Tage	1	2	3	5	10	20	30
Liter	240	480	720	1 200	2 400	4 800	7 200

A: In einem Monat trinkt ein Blauwal-Baby 7 200 l Muttermilch.

* Beispiellösung: Andere Lösungswege sind möglich.

Seite 65

Mathetiger Basistraining 4 – Lösungen (Seite 66–69)

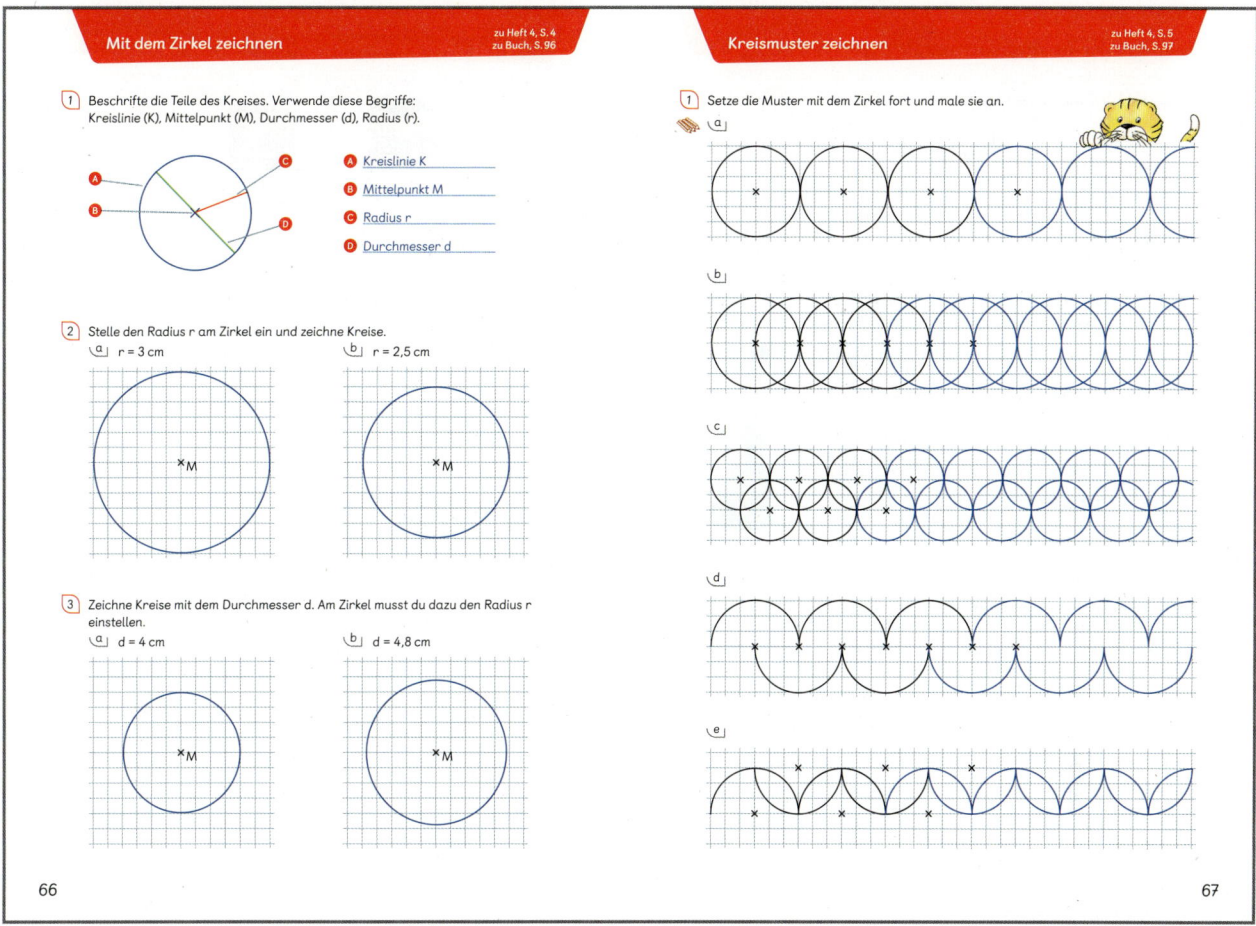

Mit dem Zirkel zeichnen — zu Heft 4, S. 4 / zu Buch, S. 96

1. Beschrifte die Teile des Kreises. Verwende diese Begriffe: Kreislinie (K), Mittelpunkt (M), Durchmesser (d), Radius (r).

A Kreislinie K
B Mittelpunkt M
C Radius r
D Durchmesser d

2. Stelle den Radius r am Zirkel ein und zeichne Kreise.
a) r = 3 cm
b) r = 2,5 cm

3. Zeichne Kreise mit dem Durchmesser d. Am Zirkel musst du dazu den Radius r einstellen.
a) d = 4 cm
b) d = 4,8 cm

Kreismuster zeichnen — zu Heft 4, S. 5 / zu Buch, S. 97

1. Setze die Muster mit dem Zirkel fort und male sie an.
a) b) c) d) e)

66 · 67

Schriftliches Dividieren durch Zehnerzahlen — zu Heft 4, S. 8 / zu Buch, S. 99

*1 Rechne zuerst einen Überschlag. Runde geschickt. Dividiere dann schriftlich.

a) Ü: 60 000 : 20 = 3 000
62 380 : 20 = 3 119

b) Ü: 60 000 : 30 = 2 000
59 730 : 30 = 1 991

c) Ü: 80 000 : 40 = 2 000
78 480 : 40 = 1 962

d) Ü: 70 000 : 70 = 1 000
72 310 : 70 = 1 033

2. Dividiere schriftlich. Achtung, hier bleibt ein Rest. 
a) 6 820 : 50 = 136 R 20
b) 8 523 : 60 = 142 R 3

Schriftliches Dividieren durch zweistellige Zahlen — zu Heft 4, S. 9 / zu Buch, S. 100

1. Schreibe zuerst die Einmaleinsreihe mit 11 auf. Dividiere dann schriftlich.
11, 22, 33, 44, 55, 66, 77, 88, 99, 110
a) 9 856 : 11 = 896
b) 10 395 : 11 = 945

2. Schreibe zuerst die Einmaleinsreihe mit 15 auf. Dividiere dann schriftlich.
15, 30, 45, 60, 75, 90, 105, 120, 135, 150
a) 11 580 : 15 = 772
b) 13 425 : 15 = 895

3. Schreibe zuerst die Einmaleinsreihe mit 25 auf. Dividiere dann schriftlich. Kontrolliere mit der Umkehraufgabe (Multiplikationsaufgabe).
25, 50, 75, 100, 125, 150, 175, 200, 225, 250
a) 27 275 : 25 = 1 091   K: 1 091 · 25 = 27 275
b) 54 750 : 25 = 2 190   K: 2 190 · 25 = 54 750

68 · 69

* Beispiellösung: Andere Überschläge sind möglich.

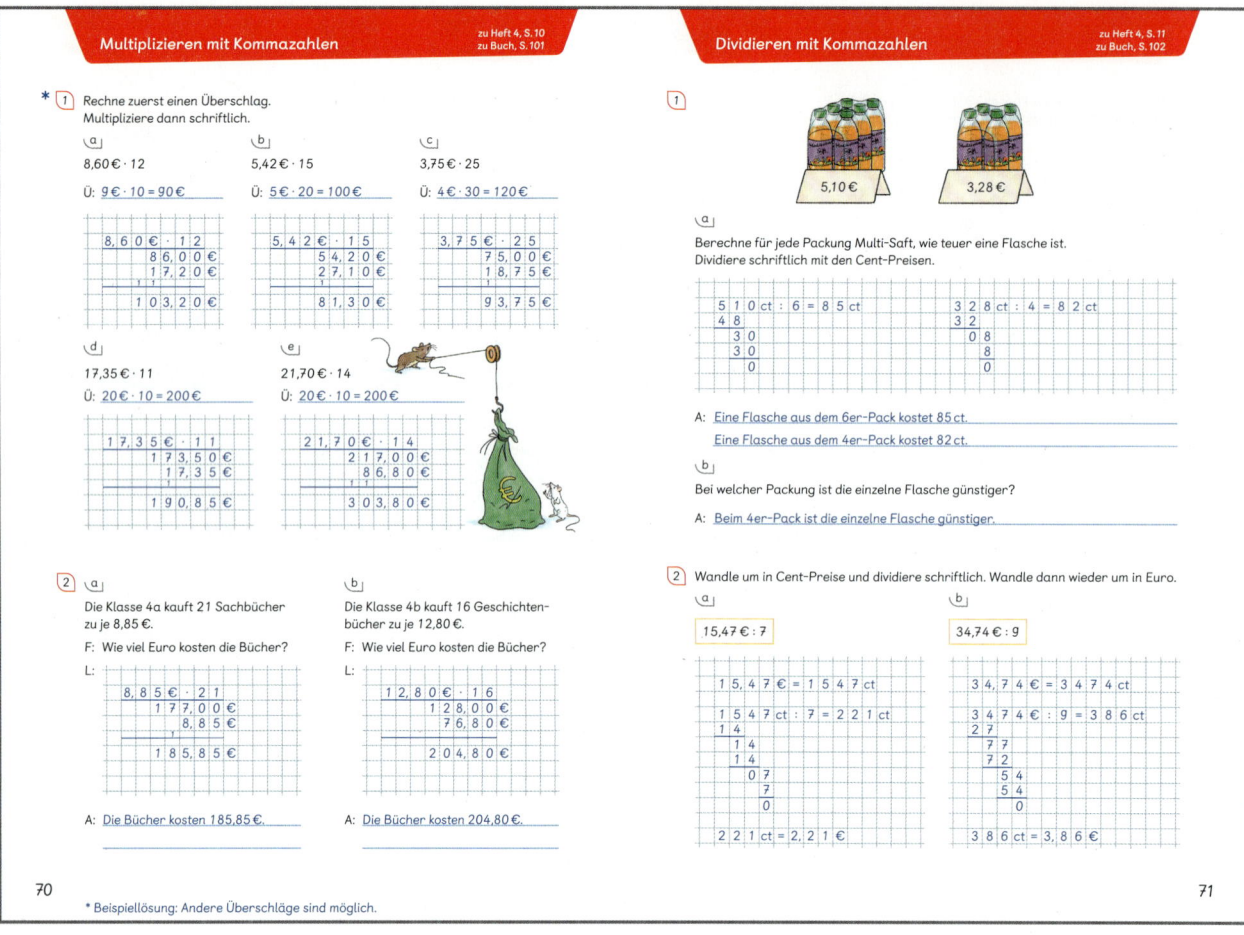

Multiplizieren mit Kommazahlen

zu Heft 4, S. 10
zu Buch, S. 101

1 Rechne zuerst einen Überschlag.
Multipliziere dann schriftlich.

a)
8,60 € · 12
Ü: 9 € · 10 = 90 €

```
8,60 € · 12
     86,00 €
     17,20 €
  1 0 3,2 0 €
```

b)
5,42 € · 15
Ü: 5 € · 20 = 100 €

```
5,42 € · 15
     54,20 €
     27,10 €
    8 1,3 0 €
```

c)
3,75 € · 25
Ü: 4 € · 30 = 120 €

```
3,75 € · 25
     75,00 €
     18,75 €
    9 3,7 5 €
```

d)
17,35 € · 11
Ü: 20 € · 10 = 200 €

```
17,35 € · 11
   173,50 €
    17,35 €
  1 9 0,8 5 €
```

e)
21,70 € · 14
Ü: 20 € · 10 = 200 €

```
21,70 € · 14
   217,00 €
    86,80 €
  3 0 3,8 0 €
```

2

a)
Die Klasse 4a kauft 21 Sachbücher
zu je 8,85 €.
F: Wie viel Euro kosten die Bücher?
L:

```
8,85 € · 21
   177,00 €
     8,85 €
  1 8 5,8 5 €
```

A: Die Bücher kosten 185,85 €.

b)
Die Klasse 4b kauft 16 Geschichten-
bücher zu je 12,80 €.
F: Wie viel Euro kosten die Bücher?
L:

```
12,80 € · 16
   128,00 €
    76,80 €
  2 0 4,8 0 €
```

A: Die Bücher kosten 204,80 €.

70

* Beispiellösung: Andere Überschläge sind möglich.

Dividieren mit Kommazahlen

zu Heft 4, S. 11
zu Buch, S. 102

1

5,10 €   3,28 €

a)
Berechne für jede Packung Multi-Saft, wie teuer eine Flasche ist.
Dividiere schriftlich mit den Cent-Preisen.

```
510 ct : 6 = 85 ct
48
 30
 30
  0
```

```
328 ct : 4 = 82 ct
32
 08
  8
  0
```

A: Eine Flasche aus dem 6er-Pack kostet 85 ct.
   Eine Flasche aus dem 4er-Pack kostet 82 ct.

b)
Bei welcher Packung ist die einzelne Flasche günstiger?

A: Beim 4er-Pack ist die einzelne Flasche günstiger.

2 Wandle um in Cent-Preise und dividiere schriftlich. Wandle dann wieder um in Euro.

a)
15,47 € : 7

```
15,47 € = 1547 ct
1547 ct : 7 = 221 ct
14
 14
 14
  07
   7
   0
```

2 2 1 ct = 2,2 1 €

b)
34,74 € : 9

```
34,74 € = 3474 ct
3474 € : 9 = 386 ct
27
 77
 72
  54
  54
   0
```

3 8 6 ct = 3,8 6 €

71

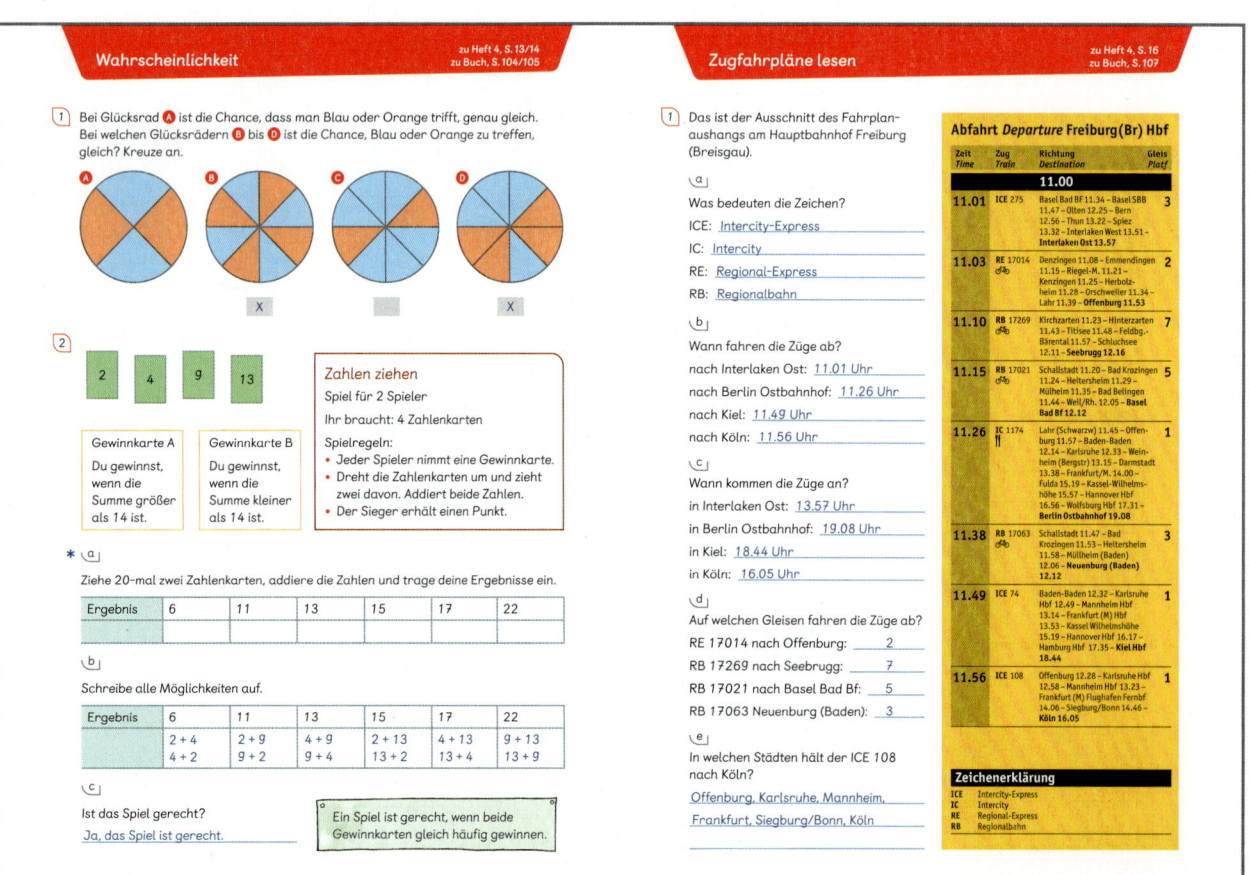

Wahrscheinlichkeit

zu Heft 4, S. 13/14
zu Buch, S. 104/105

1 Bei Glücksrad A ist die Chance, dass man Blau oder Orange trifft, genau gleich.
Bei welchen Glücksrädern B bis D ist die Chance, Blau oder Orange zu treffen,
gleich? Kreuze an.

A   B [X]   C   D [X]

2

2   4   9   13

Gewinnkarte A
Du gewinnst,
wenn die
Summe größer
als 14 ist.

Gewinnkarte B
Du gewinnst,
wenn die
Summe kleiner
als 14 ist.

Zahlen ziehen
Spiel für 2 Spieler
Ihr braucht: 4 Zahlenkarten
Spielregeln:
• Jeder Spieler nimmt eine Gewinnkarte.
• Dreht die Zahlenkarten um und zieht
  zwei davon. Addiert beide Zahlen.
• Der Sieger erhält einen Punkt.

* a)
Ziehe 20-mal zwei Zahlenkarten, addiere die Zahlen und trage deine Ergebnisse ein.

Ergebnis	6	11	13	15	17	22

b)
Schreibe alle Möglichkeiten auf.

Ergebnis	6	11	13	15	17	22
	2 + 4	2 + 9	4 + 9	2 + 13	4 + 13	9 + 13
	4 + 2	9 + 2	9 + 4	13 + 2	13 + 4	13 + 9

c)
Ist das Spiel gerecht?
Ja, das Spiel ist gerecht.

Ein Spiel ist gerecht, wenn beide
Gewinnkarten gleich häufig gewinnen.

72   **2** Zahlenkarten 2, 4, 9 und 13 herstellen und verwenden
       * Individuelle Lösung

Zugfahrpläne lesen

zu Heft 4, S. 16
zu Buch, S. 107

1 Das ist der Ausschnitt des Fahrplan-
aushangs am Hauptbahnhof Freiburg
(Breisgau).

a)
Was bedeuten die Zeichen?
ICE: Intercity-Express
IC: Intercity
RE: Regional-Express
RB: Regionalbahn

b)
Wann fahren die Züge ab?
nach Interlaken Ost: 11.01 Uhr
nach Berlin Ostbahnhof: 11.26 Uhr
nach Kiel: 11.49 Uhr
nach Köln: 11.56 Uhr

c)
Wann kommen die Züge an?
in Interlaken Ost: 13.57 Uhr
in Berlin Ostbahnhof: 19.08 Uhr
in Kiel: 18.44 Uhr
in Köln: 16.05 Uhr

d)
Auf welchen Gleisen fahren die Züge ab?
RE 17014 nach Offenburg: 2
RB 17269 nach Seebrugg: 7
RB 17021 nach Basel Bad Bf: 5
RB 17063 Neuenburg (Baden): 3

e)
In welchen Städten hält der ICE 108
nach Köln?
Offenburg, Karlsruhe, Mannheim,
Frankfurt, Siegburg/Bonn, Köln

Abfahrt Departure Freiburg (Br) Hbf

Zeit Time	Zug Train	Richtung Destination	Gleis Platf
		11.00	
11.01	ICE 275	Basel Bad BF 11.34 – Basel SBB 11.47 – Olten 12.25 – Bern 12.56 – Thun 13.22 – Spiez 13.32 – Interlaken West 13.51 – **Interlaken Ost 13.57**	3
11.03	RE 17014	Denzlingen 11.08 – Emmendingen 11.15 – Riegel-M. 11.21 – Kenzingen 11.25 – Herbolzheim 11.28 – Orschweiler 11.34 – Lahr 11.39 – **Offenburg 11.53**	2
11.10	RB 17269	Kirchzarten 11.23 – Hinterzarten 11.43 – Titisee 11.48 – Feldbg.- Bärental 11.57 – Schluchsee 12.11 – **Seebrugg 12.16**	7
11.15	RB 17021	Schallstadt 11.20 – Bad Krozingen 11.24 – Heitersheim 11.29 – Mülheim 11.35 – Bad Bellingen 11.44 – Weil/Rh. 12.05 – **Basel Bad Bf 12.12**	5
11.26	IC 1174	Lahr (Schwarzw) 11.45 – Offenburg 11.57 – Baden-Baden 12.14 – Karlsruhe 12.53 – Weinheim (Bergstr) 13.15 – Darmstadt 13.38 – Frankfurt/M. 14.00 – Fulda 15.19 – Kassel-Wilhelmshöhe 15.57 – Hannover Hbf 16.56 – Wolfsburg Hbf 17.31 – **Berlin Ostbahnhof 19.08**	1
11.38	RB 17063	Schallstadt 11.47 – Bad Krozingen 11.53 – Heitersheim 11.58 – Müllheim (Baden) 12.06 – **Neuenburg (Baden) 12.12**	3
11.49	ICE 74	Baden-Baden 12.32 – Karlsruhe Hbf 12.49 – Mannheim Hbf 13.14 – Frankfurt (M) Hbf 13.53 – Kassel Wilhelmshöhe 15.19 – Hannover Hbf 16.17 – Hamburg Hbf 17.35 – **Kiel Hbf 18.44**	1
11.56	ICE 108	Offenburg 12.28 – Karlsruhe Hbf 12.58 – Mannheim Hbf 13.23 – Frankfurt (M) Flughafen Fernbf 14.06 – Siegburg/Bonn 14.46 – **Köln 16.05**	1

Zeichenerklärung
ICE Intercity-Express
IC   Intercity
RE   Regional-Express
RB   Regionalbahn

73

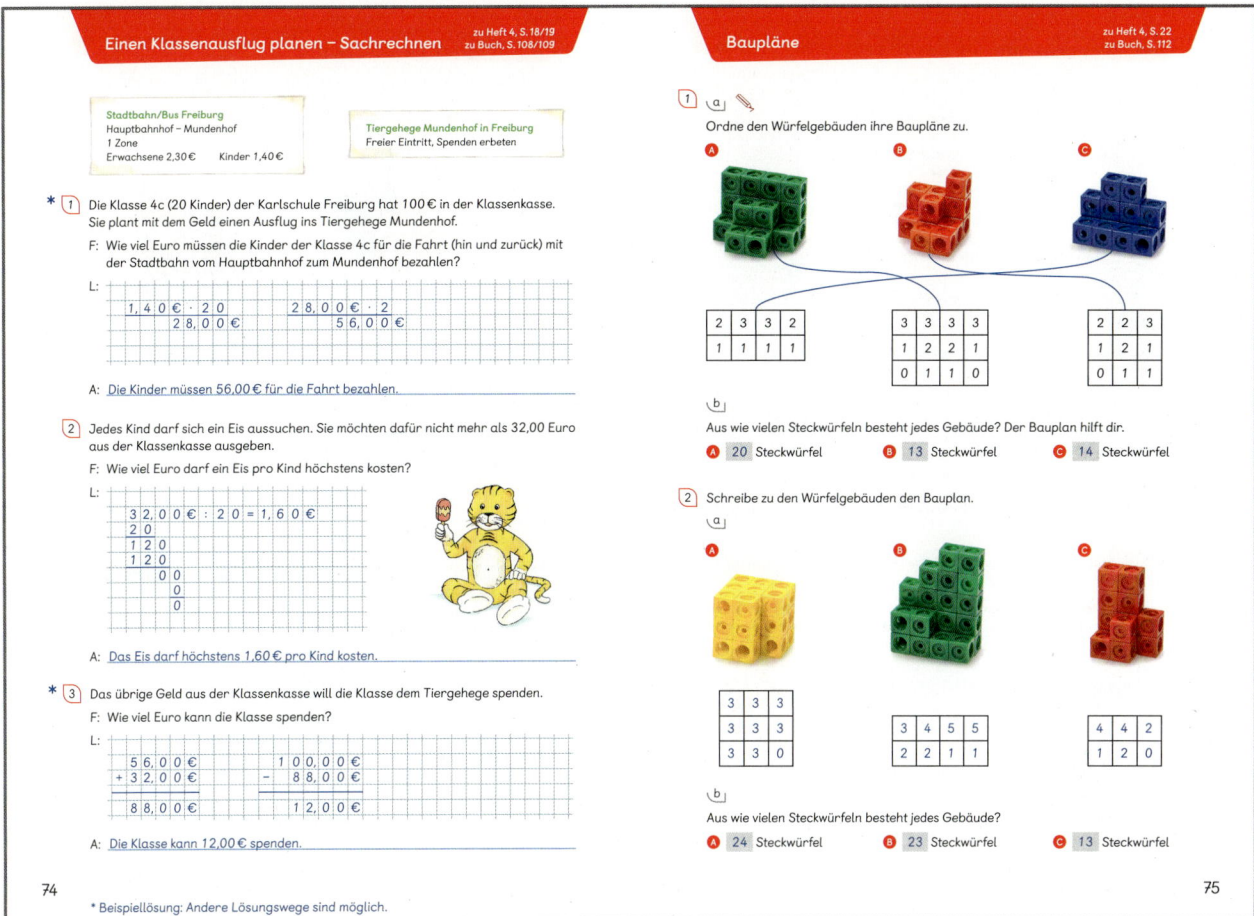

Einen Klassenausflug planen – Sachrechnen
zu Heft 4, S. 18/19
zu Buch, S. 108/109

Stadtbahn/Bus Freiburg
Hauptbahnhof – Mundenhof
1 Zone
Erwachsene 2,30 €   Kinder 1,40 €

Tiergehege Mundenhof in Freiburg
Freier Eintritt, Spenden erbeten

* 1 Die Klasse 4c (20 Kinder) der Karlschule Freiburg hat 100 € in der Klassenkasse. Sie plant mit dem Geld einen Ausflug ins Tiergehege Mundenhof.

F: Wie viel Euro müssen die Kinder der Klasse 4c für die Fahrt (hin und zurück) mit der Stadtbahn vom Hauptbahnhof zum Mundenhof bezahlen?

L:
```
1,40 € · 20        28,00 € · 2
28,00 €               56,00 €
```

A: Die Kinder müssen 56,00 € für die Fahrt bezahlen.

2 Jedes Kind darf sich ein Eis aussuchen. Sie möchten dafür nicht mehr als 32,00 Euro aus der Klassenkasse ausgeben.

F: Wie viel Euro darf ein Eis pro Kind höchstens kosten?

L:
```
32,00 € : 20 = 1,60 €
2 0
1 2 0
1 2 0
    0 0
       0
       0
```

A: Das Eis darf höchstens 1,60 € pro Kind kosten.

* 3 Das übrige Geld aus der Klassenkasse will die Klasse dem Tiergehege spenden.

F: Wie viel Euro kann die Klasse spenden?

L:
```
  56,00 €           100,00 €
+ 32,00 €          –  88,00 €
  88,00 €            12,00 €
```

A: Die Klasse kann 12,00 € spenden.

74

* Beispiellösung: Andere Lösungswege sind möglich.

Baupläne
zu Heft 4, S. 22
zu Buch, S. 112

1 a Ordne den Würfelgebäuden ihre Baupläne zu.

A   B   C

2	3	3	2
1	1	1	1

3	3	3	3
1	2	2	1
0	1	1	0

2	2	3
1	2	1
0	1	1

b Aus wie vielen Steckwürfeln besteht jedes Gebäude? Der Bauplan hilft dir.

A **20** Steckwürfel   B **13** Steckwürfel   C **14** Steckwürfel

2 Schreibe zu den Würfelgebäuden den Bauplan.

a

A   B   C

3	3	3
3	3	3
3	3	0

3	4	5	5
2	2	1	1

4	4	2
1	2	0

b Aus wie vielen Steckwürfeln besteht jedes Gebäude?

A **24** Steckwürfel   B **23** Steckwürfel   C **13** Steckwürfel

75

Ansichten
zu Heft 4, S. 23
zu Buch, S. 113

1

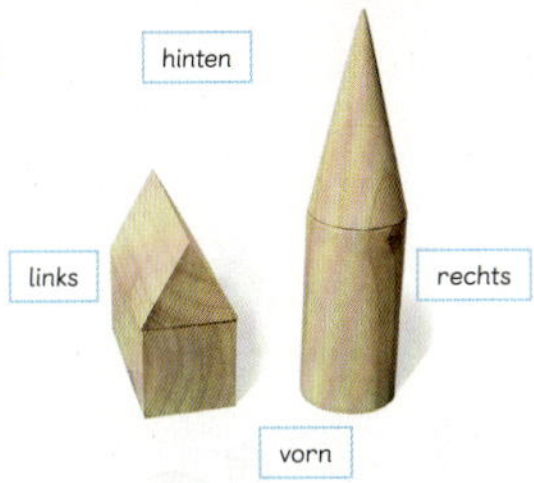

hinten

links   rechts

vorn

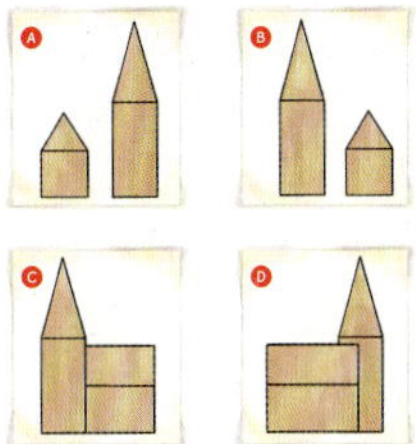

A   B
C   D

Betrachte die Gebäude. Von welcher Seite sind die Ansichten zu sehen?

A von vorn   B von hinten
C von rechts   D von links

2 Finde die dazugehörigen Ansichten und male sie in der jeweiligen Farbe an.

a   b   c   d
von vorn   von hinten von links von rechts

Schrägbilder zeichnen
zu Heft 4, S. 25
zu Buch, S. 115

1 So zeichne ich ein Schrägbild von einem Würfel.

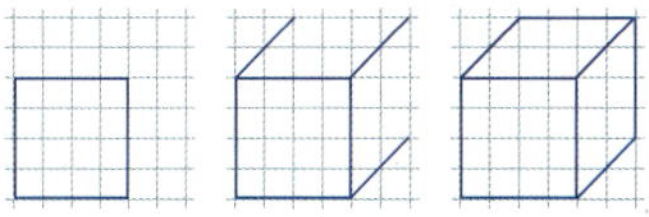

Zeichne die Würfel als Schrägbilder. Die Punkte helfen dir.

a Ein Würfel mit Kantenlänge 2 cm.

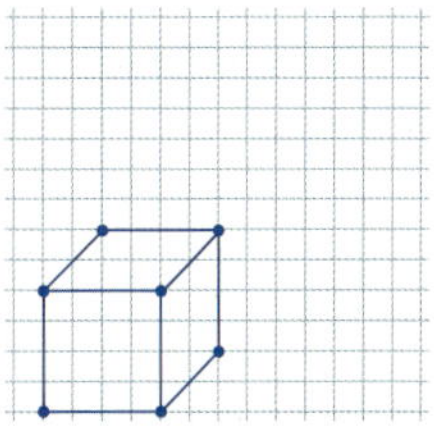

b Ein Würfel mit Kantenlänge 4 cm.

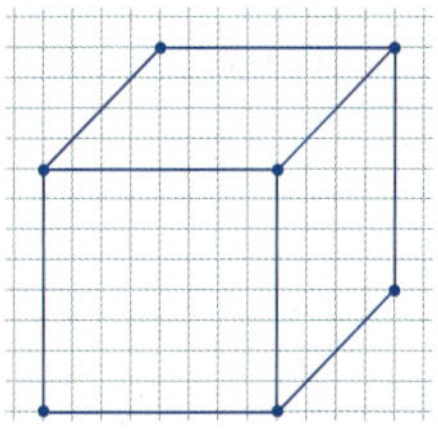

c Ein Würfel mit Kantenlänge 3 cm.

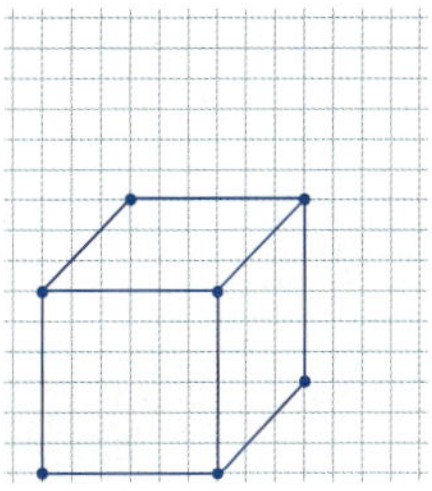

* d Zwei Würfel mit den Kantenlängen 2 cm.

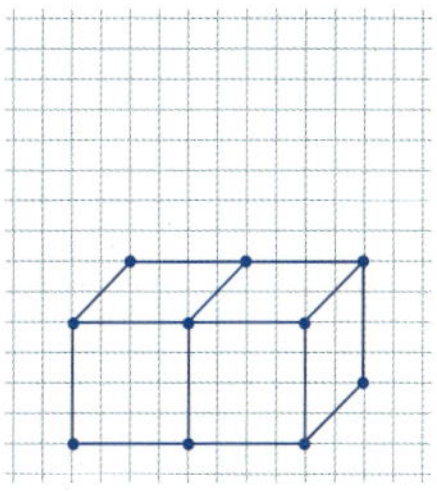

76

77

* Beispiellösung: Andere Lösungen sind möglich.

Müll – Sachrechnen

zu Heft 4, S. 28/29
zu Buch, S. 118/119

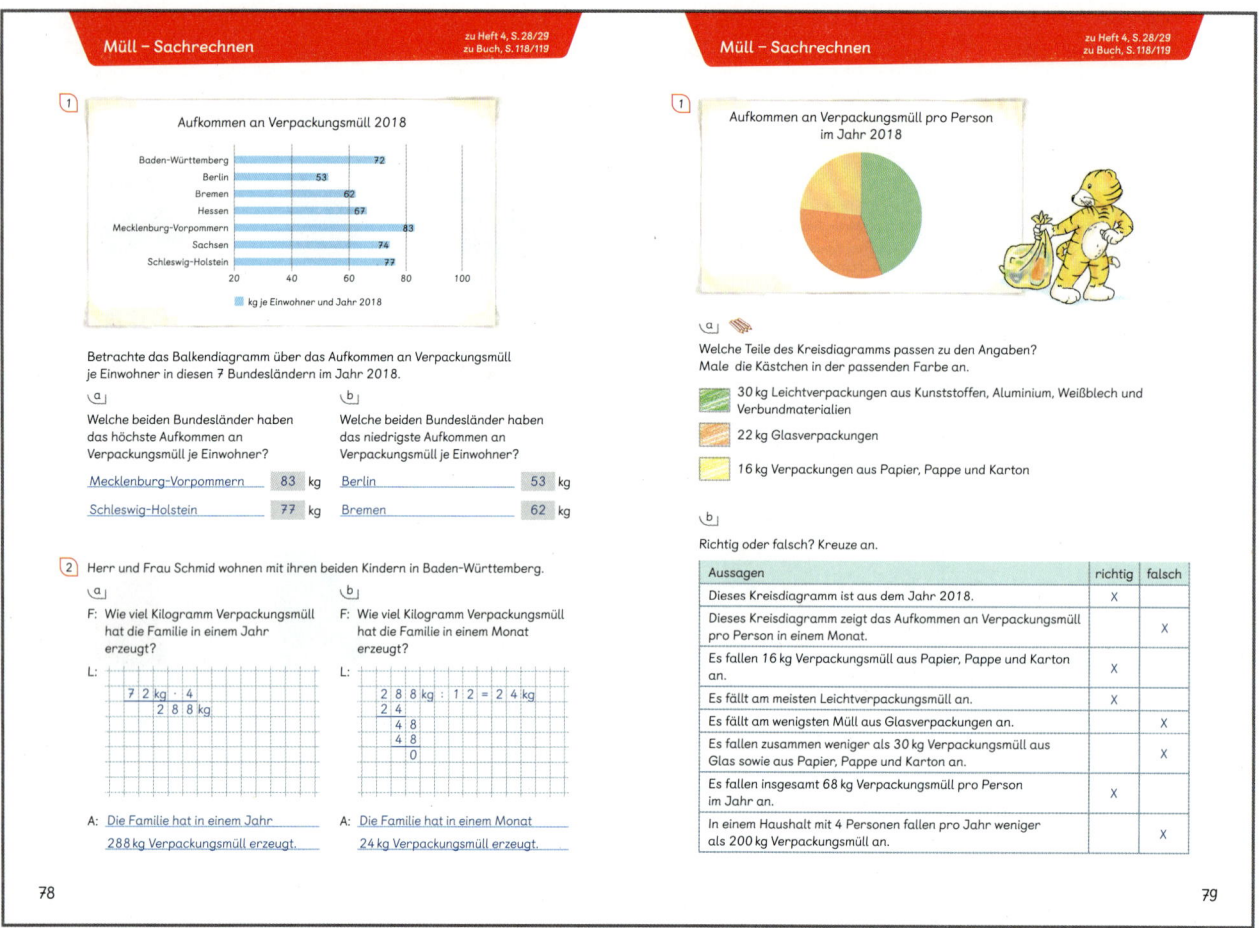

1 Aufkommen an Verpackungsmüll 2018

Baden-Württemberg 72
Berlin 53
Bremen 62
Hessen 67
Mecklenburg-Vorpommern 83
Sachsen 74
Schleswig-Holstein 77

■ kg je Einwohner und Jahr 2018

Betrachte das Balkendiagramm über das Aufkommen an Verpackungsmüll je Einwohner in diesen 7 Bundesländern im Jahr 2018.

a Welche beiden Bundesländer haben das höchste Aufkommen an Verpackungsmüll je Einwohner?

Mecklenburg-Vorpommern __83__ kg

Schleswig-Holstein __77__ kg

b Welche beiden Bundesländer haben das niedrigste Aufkommen an Verpackungsmüll je Einwohner?

Berlin __53__ kg

Bremen __62__ kg

2 Herr und Frau Schmid wohnen mit ihren beiden Kindern in Baden-Württemberg.

a F: Wie viel Kilogramm Verpackungsmüll hat die Familie in einem Jahr erzeugt?

L:
```
7 2 kg · 4
  2 8 8 kg
```

A: Die Familie hat in einem Jahr 288 kg Verpackungsmüll erzeugt.

b F: Wie viel Kilogramm Verpackungsmüll hat die Familie in einem Monat erzeugt?

L:
```
2 8 8 kg : 1 2 = 2 4 kg
2 4
  4 8
  4 8
   0
```

A: Die Familie hat in einem Monat 24 kg Verpackungsmüll erzeugt.

78

Müll – Sachrechnen

zu Heft 4, S. 28/29
zu Buch, S. 118/119

1 Aufkommen an Verpackungsmüll pro Person im Jahr 2018

a Welche Teile des Kreisdiagramms passen zu den Angaben? Male die Kästchen in der passenden Farbe an.

■ 30 kg Leichtverpackungen aus Kunststoffen, Aluminium, Weißblech und Verbundmaterialien

■ 22 kg Glasverpackungen

■ 16 kg Verpackungen aus Papier, Pappe und Karton

b Richtig oder falsch? Kreuze an.

Aussagen	richtig	falsch
Dieses Kreisdiagramm ist aus dem Jahr 2018.	X	
Dieses Kreisdiagramm zeigt das Aufkommen an Verpackungsmüll pro Person in einem Monat.		X
Es fallen 16 kg Verpackungsmüll aus Papier, Pappe und Karton an.	X	
Es fällt am meisten Leichtverpackungsmüll an.	X	
Es fällt am wenigsten Müll aus Glasverpackungen an.		X
Es fallen zusammen weniger als 30 kg Verpackungsmüll aus Glas sowie aus Papier, Pappe und Karton an.		X
Es fallen insgesamt 68 kg Verpackungsmüll pro Person im Jahr an.	X	
In einem Haushalt mit 4 Personen fallen pro Jahr weniger als 200 kg Verpackungsmüll an.		X

79

Grundrechenarten üben

zu Heft 4, S. 30
zu Buch, S. 120

1 Rechne schriftlich. Male die Steine mit den Ergebnissen braun an.

a 165 705 + 283 619
```
  1 6 5 7 0 5
+ 2 8 3 6 1 9
  1 1 1
  4 4 9 3 2 4
```

b 317 836 + 5 924
```
  3 1 7 8 3 6
+     5 9 2 4
      1 1
  3 2 3 7 6 0
```

* c 58 297 – 36 362
```
  5 8 2 9 7
– 3 6 3 6 2
  2 1 9 3 5
```

* d 123 456 – 64 047
```
  1 2 3 4 5 6
–   6 4 0 4 7
    5 9 4 0 9
```

e 524 · 18
```
  5 2 4 · 1 8
  5 2 4 0
    4 1 9 2
  9 4 3 2
```

f 2 736 · 42
```
  2 7 3 6 · 4 2
  1 0 9 4 4 0
      5 4 7 2
      1
  1 1 4 9 1 2
```

g 4 275 : 3
```
4 2 7 5 : 3 = 1 4 2 5
3
1 2
1 2
  0 7
  6
  1 5
  1 5
   0
```

h 12 474 : 11
```
1 2 4 7 4 : 1 1 = 1 1 3 4
1 1
  1 4
  1 1
   3 7
   3 3
    4 4
    4 4
     0
```

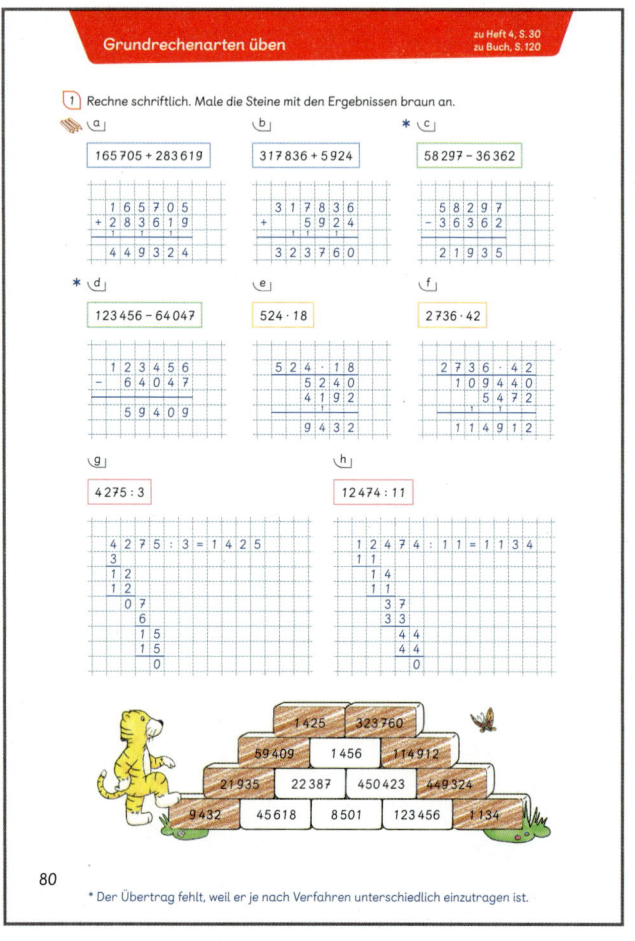

1 425 | 323 760
59 409 | 1 456 | 114 912
21 935 | 22 387 | 450 423 | 449 324
9 432 | 45 618 | 8 501 | 123 456 | 1 134

80

* Der Übertrag fehlt, weil er je nach Verfahren unterschiedlich einzutragen ist.

1️⃣ Berechne die Rauminhalte der Quader.
Finde Multiplikationsaufgaben.

a

░ · ░ = ░ Würfel

In diesen Quader passen 5 · 4 Würfel.

b
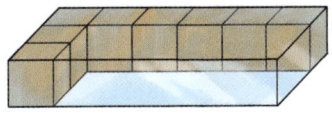

░ · ░ = ░ Würfel

c
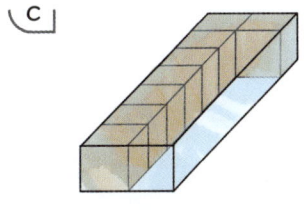

░ · ░ = ░ Würfel

d
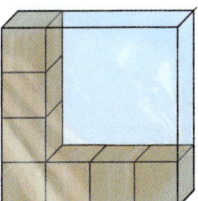

░ · ░ = ░ Würfel

e
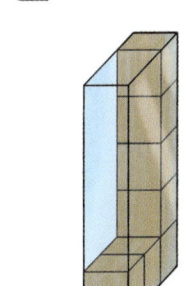

░ · ░ = ░ Würfel

2️⃣ Berechne die Rauminhalte der Quader. Finde Multiplikationsaufgaben.
Achtung: Hier musst du mit 3 Zahlen rechnen.

a
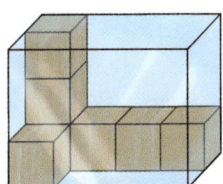

4 · ░ · ░ = ░ Würfel

b
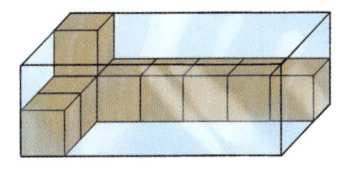

░ · ░ · ░ = ░ Würfel

41

Liter und Milliliter – Kommaschreibweise

1 Schreibe mit Komma.

1 l	100 ml	10 ml	1 ml	
1	8	3	7	= 1,837 l
5	2	6	0	=
4	0	0	4	=
0	3	2	0	=
7	5	1	8	=
3	4	9	5	=

Das Komma trennt Liter und Milliliter.

2 Schreibe ...

a

in gemischter Schreibweise.

1,475 l = _1 l 475 ml_

1,830 l = _____

0,190 l = _____

0,072 l = _____

0,004 l = _____

b

in Milliliter.

1 l 700 ml = _1 700 ml_

1 l 650 ml = _____

8 l 471 ml = _____

0 l 250 ml = _____

3 l   5 ml = _____

c

in gemischter Schreibweise.

1 920 ml = _1 l 920 ml_

6 450 ml = _____

7 030 ml = _____

   201 ml = _____

       9 ml = _____

d

mit Komma.

1 150 ml = _1,150 l_

1 888 ml = _____

9 060 ml = _____

   750 ml = _____

     11 ml = _____

3 Immer zwei Karten passen zusammen. Verbinde.
 Achtung: Eine Karte bleibt übrig.

1 l	$\frac{1}{2}$ l	$\frac{3}{4}$ l	$\frac{1}{4}$ l

750 ml	100 ml	1 000 ml	250 ml	500 ml

1   So viel Liter Wasser verbraucht eine Person durchschnittlich:

1-mal Hände waschen	3 l	1-mal Morgenwäsche	5 l
1-mal Zähne putzen	1 l	1-mal Toilettenspülung	9 l

a

Ordne die Literangaben passend den Feldern im Kreisdiagramm zu.

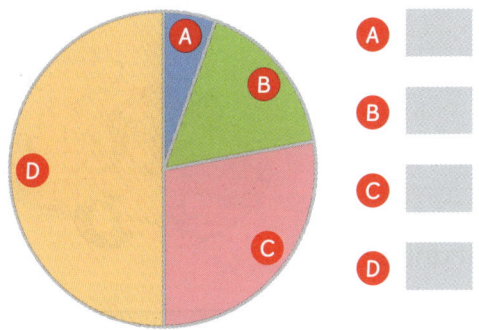

A ▢

B ▢

C ▢

D ▢

b

Schreibe auf, welche Tätigkeiten zu den Buchstaben passen.

A _____

B _____

C _____

D _____

2   Lisas Wasserverbrauch

a

Lisa wäscht sich am Morgen, putzt die Zähne und geht 2-mal zur Toilette.

F: Wie viel Liter Wasser verbraucht Lisa am Morgen?

L:

A: _____

_____

b

F: Am Nachmittag geht Lisa 3-mal zur Toilette und wäscht sich jedesmal die Hände.

F: Wie viel Liter Wasser verbraucht Lisa am Nachmittag?

L:

A: _____

3   Amar wäscht sich 5-mal am Tag die Hände.

a

F: Wie viel Liter Wasser verbraucht Amar pro Tag fürs Händewaschen?

L:

A: _____

_____

b

F: Wie viel Liter Wasser verbraucht Amar pro Woche fürs Händewaschen?

L:

A: _____

_____

1

Autowaschanlage Brunner

Firma Brunner hat neben ihrer Tankstelle eine neue, moderne Autowaschanlage eröffnet. Sie ist besonders umweltfreundlich, da sehr viel des Wassers wiederverwendet wird. So werden beim Programm *Eco* etwa 150 l Wasser benötigt, etwa 120 l davon werden wiederverwendet. *Eco* dauert 4 min und kostet 9,50 €. Das Programm *Premium* benötigt etwa 200 l Wasser, etwa 160 l davon werden wiederverwendet. *Premium* kostet 13,50 € und dauert 7 min.

Lies den Infotext. Markiere ...

- mit Gelb: alle Zahlen zum Programm Eco
- mit Rot: alle Zahlen zum Programm Premium

2 Ergänze die Angaben auf dem Plakat der Firma Brunner.

Autowaschanlage Brunner

Programm: _____   Programm: _____

Preis: _____   Preis: _____

Dauer: _____   Dauer: _____

Wassermenge: _____, davon   Wassermenge: _____, davon

werden _____ wiederverwendet   werden _____ wiederverwendet

3 Frau Groß wäscht 4-mal im Jahr ihr Auto mit dem Programm *Eco*.

F: Wie viel Euro gibt sie für die Autowäsche aus?

L:

A: _____

4 Am Montagmorgen lassen 10 Kunden ihr Auto mit dem Programm *Eco* und 8 Kunden ihr Auto mit dem Programm *Premium* waschen.

F: Wie viel Liter Wasser wird dafür benötigt?

L:

A: _____

44

1

H	Z	E			H	Z	E
5	2	8	:	3	=	1	
3	↓						
2	2						

Wie viel Mal passt die 3 in die 5?
1-mal, schreibe 1.
1 H · 3 = 3 H, schreibe 3.
5 H – 3 H = 2 H
Ich nehme die 2 Z herunter.
Wie viel Mal passt die 3 in die 22?

Dividiere schriftlich. Achte auf die Sprechweise.

a

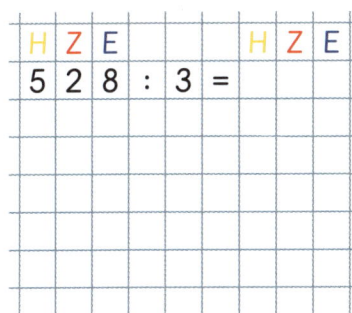

H	Z	E			H	Z	E
5	2	8	:	3	=		

b

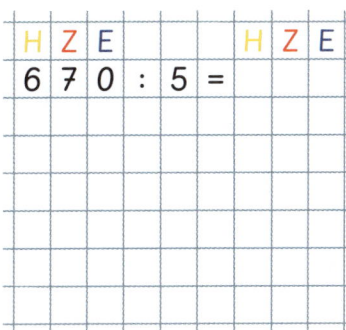

H	Z	E			H	Z	E
6	7	0	:	5	=		

c

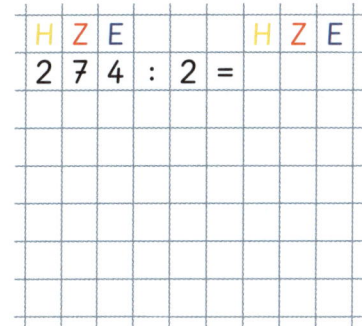

H	Z	E			H	Z	E
2	7	4	:	2	=		

d

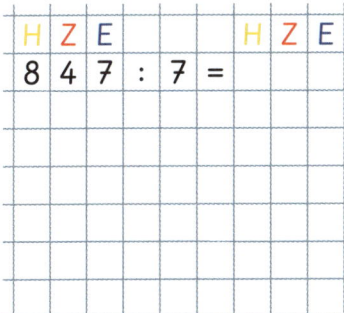

H	Z	E			H	Z	E
8	4	7	:	7	=		

e

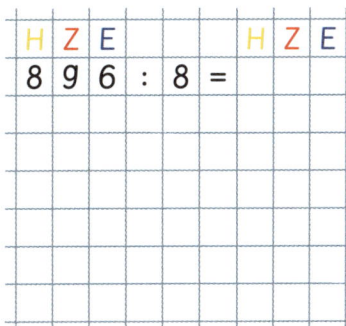

H	Z	E			H	Z	E
8	9	6	:	8	=		

f

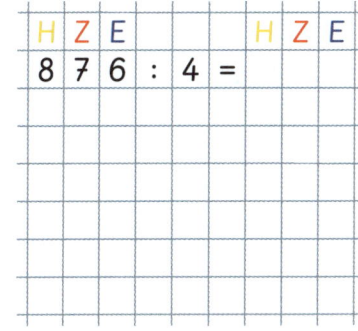

H	Z	E			H	Z	E
8	7	6	:	4	=		

g

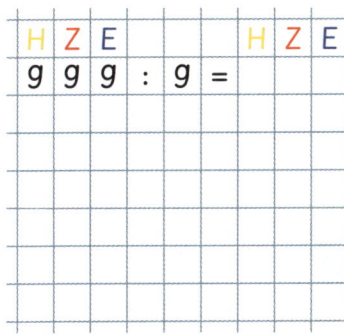

H	Z	E			H	Z	E
9	9	9	:	9	=		

h

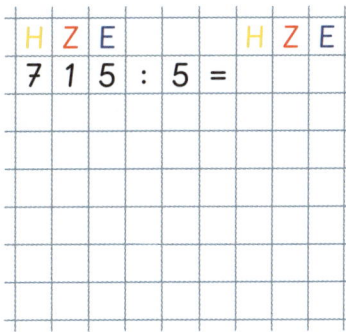

H	Z	E			H	Z	E
7	1	5	:	5	=		

i

H	Z	E			H	Z	E
7	5	6	:	6	=		

Schriftliches Dividieren

1 Dividiere schriftlich. Trage die Buchstaben bei den Lösungszahlen ein.
Finde das Lösungswort.

a)

T	H	Z	E				T	H	Z	E
2	5	3	6	:	4	=				6

T

b)

T	H	Z	E				T	H	Z	E
4	3	6	2	:	6	=				

H

c)

T	H	Z	E				T	H	Z	E
1	5	9	6	:	7	=				

R

d)

T	H	Z	E				T	H	Z	E
3	1	8	5	:	5	=				

M

e)

T	H	Z	E				T	H	Z	E
6	5	2	8	:	8	=				

A

f)

T	H	Z	E				T	H	Z	E
2	3	2	8	:	4	=				

E

g)

T	H	Z	E				T	H	Z	E
1	3	0	5	:	9	=				

S

Lösungswort:

727　816　637　145　634　582　228

1 Beachten, dass die erste Ziffer im Ergebnis immer ein Hunderter ist

1 Rechne zuerst einen Überschlag. Runde geschickt.
Dividiere dann schriftlich. Achte auf die Null im Ergebnis.

a

Ü: $5\,000 : 5 = 1\,000$

T	H	Z	E			T	H	Z	E
5	1	7	5	:	5	=	1	0	
5									
0	1								

5 passt 1-mal in die 5, schreibe 1.
$1\,T \cdot 5 = 5\,T$.
$5\,T - 5\,T = 0\,T$
Ich nehme die 1 herunter,
5 passt 0-mal in die 1, schreibe 0.
$0\,H \cdot 5 = \ldots$

b

Ü: _____

T	H	Z	E			T	H	Z	E
4	2	8	8	:	4	=			

c

Ü: _____

T	H	Z	E			T	H	Z	E
6	4	1	4	:	6	=			

d

Ü: _____

ZT	T	H	Z	E			ZT	T	H	Z	E
6	3	2	7	9	:	3	=				

e

Ü: _____

ZT	T	H	Z	E			ZT	T	H	Z	E
8	8	1	2	8	:	8	=				

1 Beim Runden die Geteilt-Zahl beachten

Schriftliches Dividieren üben

1 Dividiere schriftlich. Beachte die Ergebnisse.

 26 664 : 4    42 420 : 7

c) 617 280 : 5   d) 162 963 : 3

2 Können die Ergebnisse stimmen? Überprüfe mit einem Überschlag.

a)

2 457 : 3 = 819

Ü: _2 400 : 3 = 800_

   819 kann stimmen.

b)

7 304 : 7 = 10 450

Ü: _____

_____

c)

16 864 : 4 = 421

Ü: _____

_____

d)

305 214 : 6 = 50 869

Ü: _____

_____

1 Die Ergebnisse sind immer auffällige Zahlenfolgen

Schriftliches Dividieren mit Kommazahlen

zu Heft 3, S. 8
zu Buch, S. 68

1

Entscheide, wie du mit Kommazahlen dividieren willst: Umwandeln, dividieren, wieder umwandeln oder mit Kommazahlen dividieren. Unterstreiche deine Entscheidung.

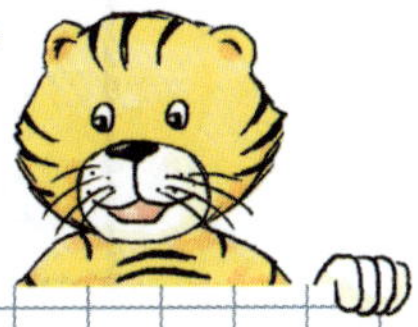

Dividiere schriftlich auf deine Weise.

a) 6,32 € : 4

b) 17,70 € : 5

c) 53,76 € : 8

d) 152,19 € : 9

2 Die Geschwister Lea, Tom und Noel haben in der Spardose genau 48,72 €. Das Geld teilen die Geschwister gerecht untereinander auf.

F: Wie viel Geld bekommt jedes Kind?

A: ______________________________

____

L:

Der Flächeninhalt von kleinen Flächen wird mit Zentimeterquadraten ausgemessen.

In diese Fläche passen 2 Zentimeterquadrate.

Ein Zentimeterquadrat? Das sind vier Heftkästchen.

1 Zeichne bei jeder Fläche die Zentimeterquadrate (4 Heftkästchen) ein. Ermittle dann den Flächeninhalt in Zentimeterquadraten.

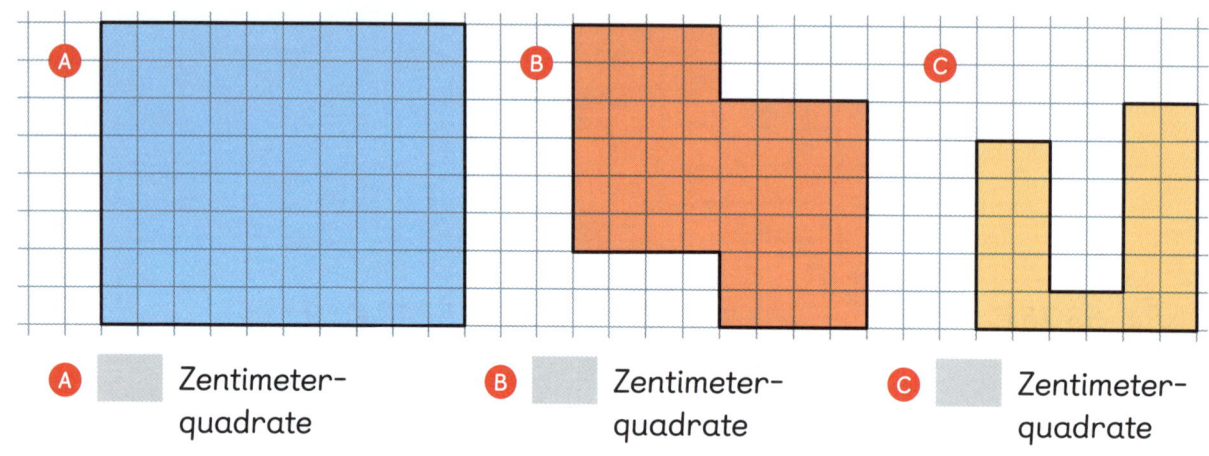

A [ ] Zentimeterquadrate

B [ ] Zentimeterquadrate

C [ ] Zentimeterquadrate

2 Zeichne drei verschiedene Flächen mit einem Flächeninhalt von jeweils 12 Zentimeterquadraten.

3 Zeichne die Zentimeterquadrate ein. Welche Fläche ist größer?

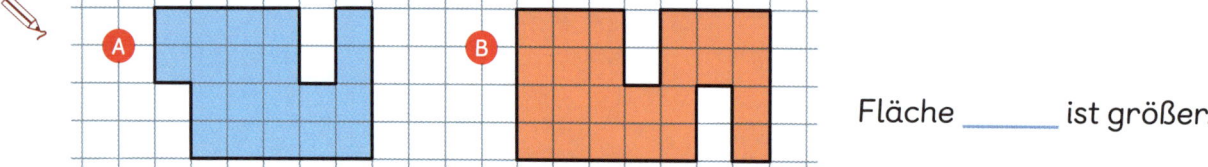

Fläche _____ ist größer.

Flächenumfang und Flächeninhalt

1 Miss den Umfang der Flächen.

A

B

> Der Umfang ist die Länge der Linie um die Fläche herum.
>
> Diese Fläche hat einen Umfang von 6 cm.

Umfang: _____   Umfang: _____

C

D

Umfang: _____   Umfang: _____

2 Immer zwei Flächen haben den gleichen Umfang und den gleichen Flächeninhalt. Male sie in der gleichen Farbe an.

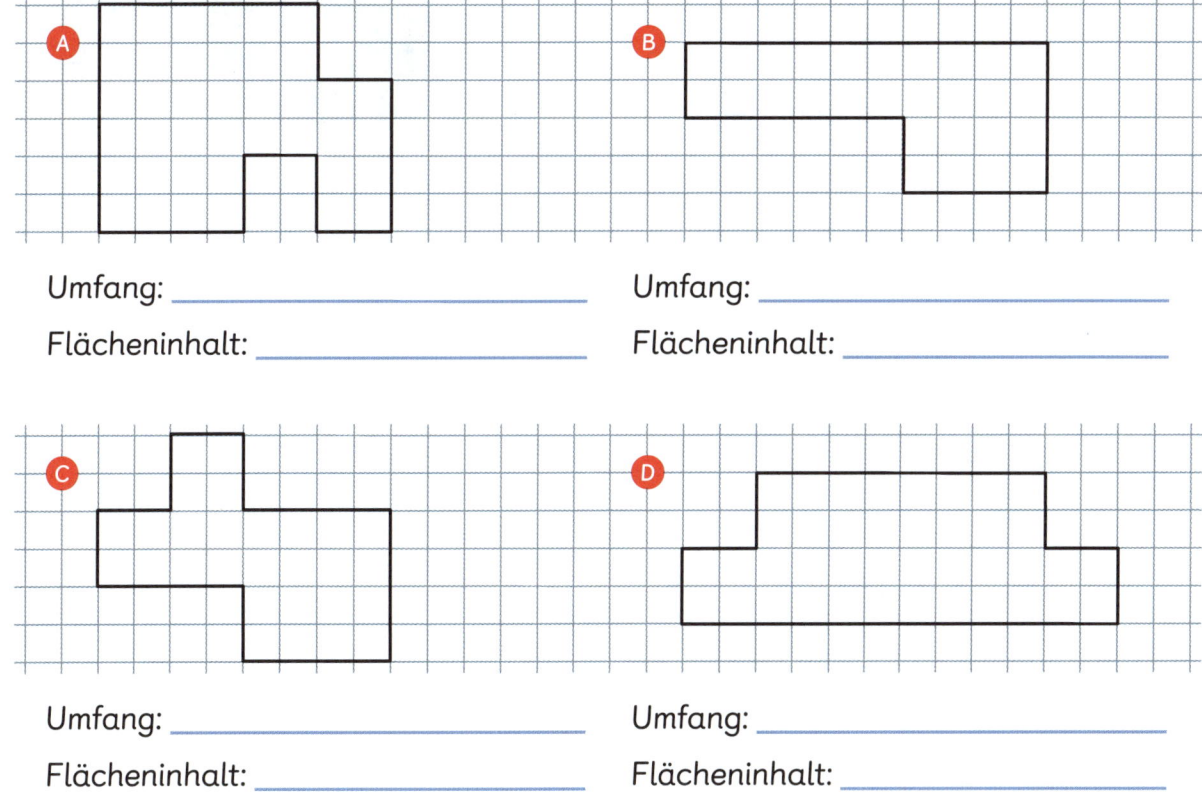

A

B

Umfang: _____   Umfang: _____

Flächeninhalt: _____   Flächeninhalt: _____

C

D

Umfang: _____   Umfang: _____

Flächeninhalt: _____   Flächeninhalt: _____

51

1 Zeichne die Skizze fertig, finde einen Lösungsweg (L) und eine Antwort (A).

Das Wohnzimmer von Familie Flum ist
4 m breit und 6 m lang. Ringsum werden
neue Bodenleisten angebracht. An der
Tür (Breite 1 m) und an der Terrassentür
(Breite 2 m) wird keine Leiste angebracht.

F: Wie viel Meter Leiste benötigt Familie Flum?

L:

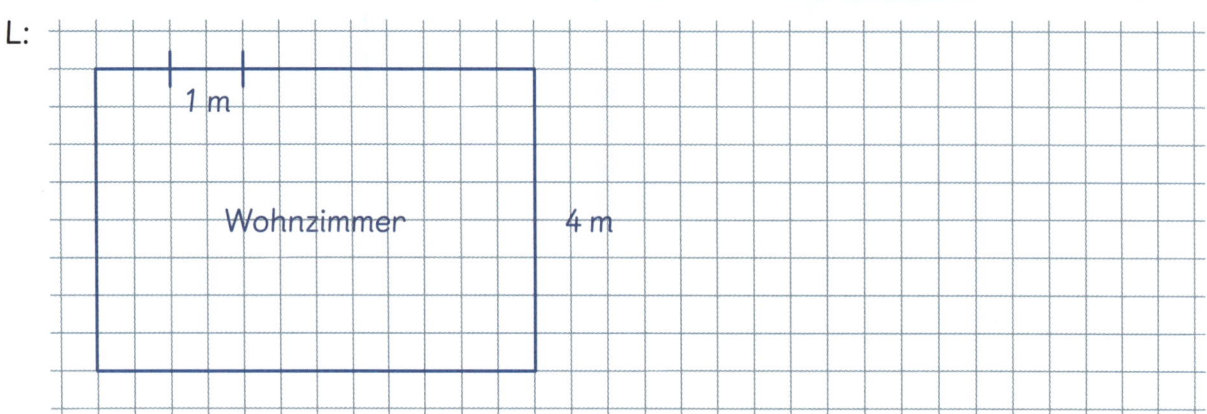

A: _____

2 Finde einen Lösungsweg (L) mit Skizze und eine Antwort (A).

Herr Flum verlegt Fliesen auf der Terrasse.
Die Terrasse ist 7 m lang und 5 m breit.
Die Fliesen sind quadratisch und haben eine
Seitenlänge von 50 cm.

F: Wie viele Fliesen benötigt Herr Flum?

L:

A: _____

Teiler

1 Dividiere und finde die Teiler von 10.

10 : 1 = [10]   10 : 6 = ☐

10 : 2 = [5]   10 : 7 = ☐

10 : 3 = [3 R 1] 10 : 8 = ☐

10 : 4 = ☐   10 : 9 = ☐

10 : 5 = ☐   10 : 10 = ☐

Teiler von 10: _____

Wenn kein Rest bleibt, ist die Geteilt-Zahl ein Teiler.

2 Suche die Teiler der Zahlen. Schreibe nur die Aufgaben auf, bei denen kein Rest bleibt.

15	32	24

_____   _____   _____

_____   _____   _____

_____   _____   _____

Teiler von 15:   _____   _____

_____   _____

                    Teiler von 32:   _____

                    _____   Teiler von 24:

                                         _____

3 Finde mit möglichst wenigen Aufgaben alle Teiler der Zahlen.

25	40	36

_____   _____   _____

_____   _____   _____

Teiler von 25:   _____   _____

_____   Teiler von 40:   _____

   _____   Teiler von 36:

                    _____   _____

                                         _____

53

1 Dividiere schriftlich. Beachte den Rest.

a)

5 6 7 1 : 4 =

b)

2 3 8 3 0 : 7 =

2 Kontrolliere die Rechnungen von Aufgabe 1 mit der Umkehraufgabe.
Den Rest musst du zum Schluss addieren.

a)

K: 1 4 1 7 · 4

b)

K:

3 Dividiere schriftlich. Kontrolliere mit der Umkehraufgabe. Beachte den Rest.

a)

3 8 1 0 5 : 6 =

K:

b)

6 4 9 2 8 : 3 =

K:

4 Beim Dividieren durch 3 kann es nur den Rest 0, 1 oder 2 geben.

a) Welchen Rest kann es beim Dividieren durch 2 geben? _____

b) Welchen Rest kann es beim Dividieren durch 5 geben? _____

c) Welchen Rest kann es beim Dividieren durch 7 geben? _____

Stunden, Minuten und Sekunden

Es ist 1.17 Uhr
und 10 Sekunden.

Der lange, rote Zeiger
zeigt die Sekunden.

60 Sekunden = 1 Minute
60 s = 1 min

1 Lies die Uhrzeiten sekundengenau ab und schreibe sie auf.

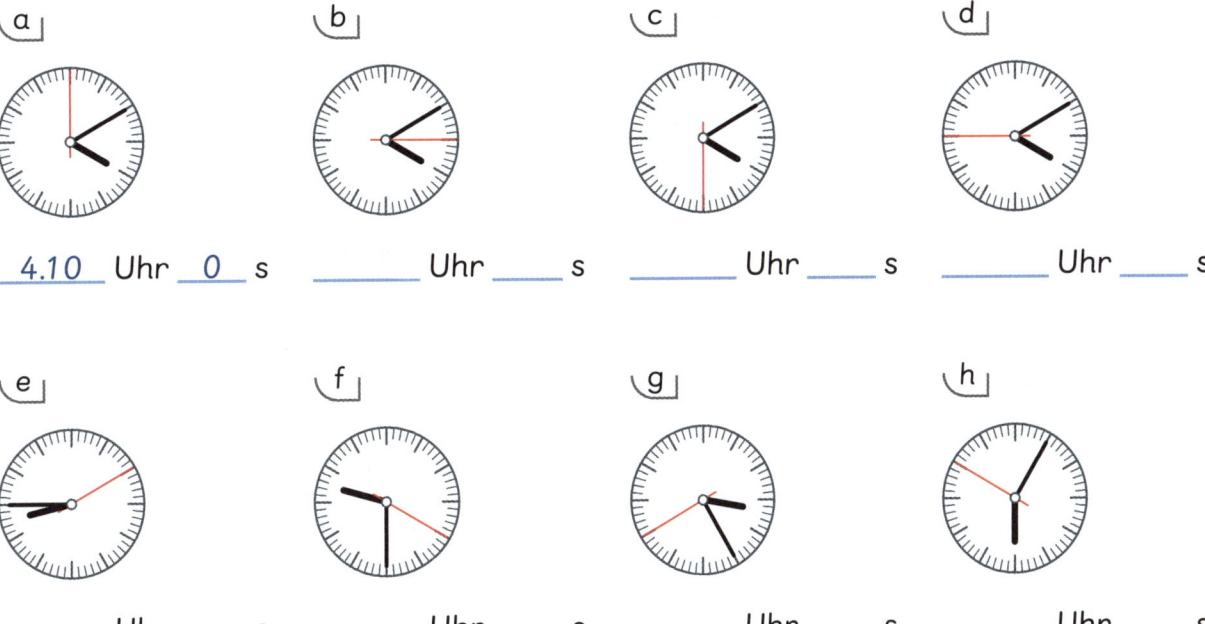

a) __4.10__ Uhr __0__ s

b) _____ Uhr ____ s

c) _____ Uhr ____ s

d) _____ Uhr ____ s

e) _____ Uhr ____ s

f) _____ Uhr ____ s

g) _____ Uhr ____ s

h) _____ Uhr ____ s

2 Zeichne die Minutenzeiger schwarz und die Sekundenzeiger rot ein.

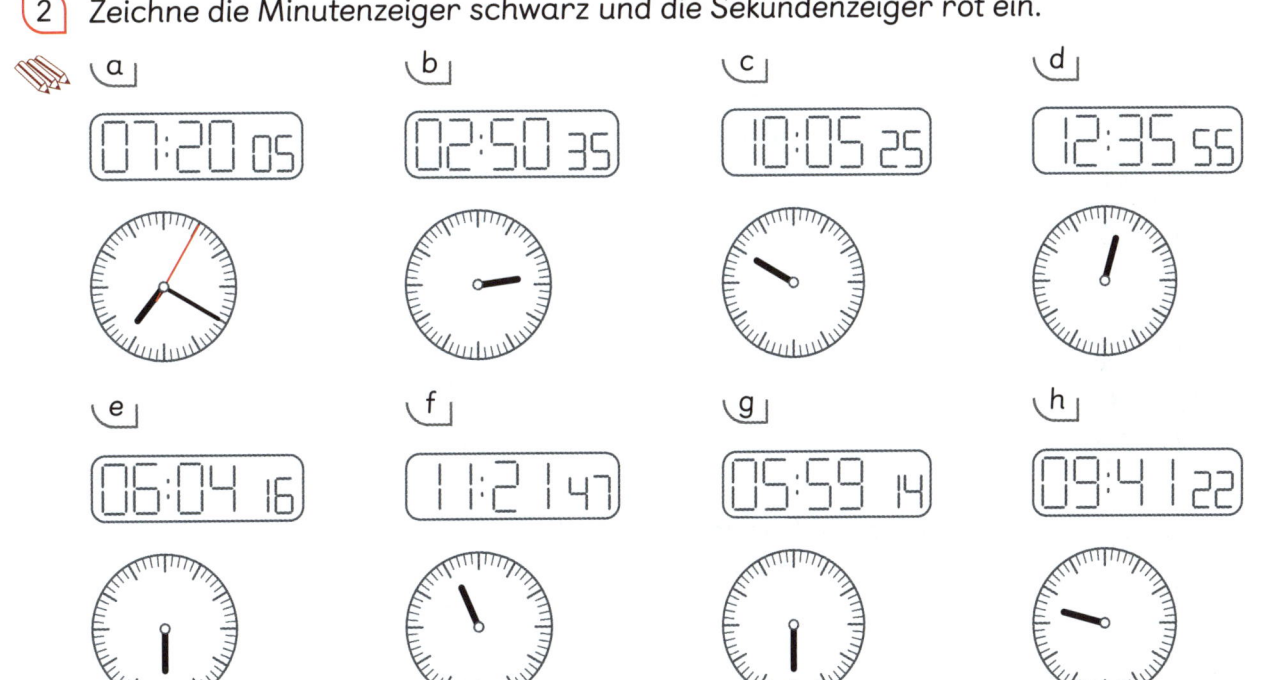

a) 07:20 05

b) 02:50 35

c) 10:05 25

d) 12:35 55

e) 06:04 16

f) 11:21 47

g) 05:59 14

h) 09:41 22

1

Mini-Marathon

Läufer	Zeit min:s
1. Läufer	9:40
2. Läufer	8:52
3. Läufer	8:27
4. Läufer	9:05
5. Läufer	7:55

Läufer	Zeit min:s
6. Läufer	8:32
7. Läufer	9:35
8. Läufer	9:10
9. Läufer	7:57
10. Läufer	8:55

Die Kinder sprechen über ihre Ergebnisse beim Schulwettbewerb Mini-Marathon.
Lies und ergänze mithilfe der Tabelle.

Ich war der 3. Läufer.

Läufer: ___3___

Zeit: __8 min 27 s__

Ich war der Schnellste.

Läufer: _____

Zeit: _____

Ich bin ebenfalls unter 8 Minuten gelaufen.

Läufer: _____

Zeit: _____

Ich war eine Minute langsamer als Ben.

Läufer: _____

Zeit: _____

Ich war 30 Sekunden schneller als der Langsamste.

Läufer: _____

Zeit: _____

Figuren vergrößern und verkleinern

1 Zeichne die Figur vergrößert ab. Jede Seite soll doppelt so lang sein.

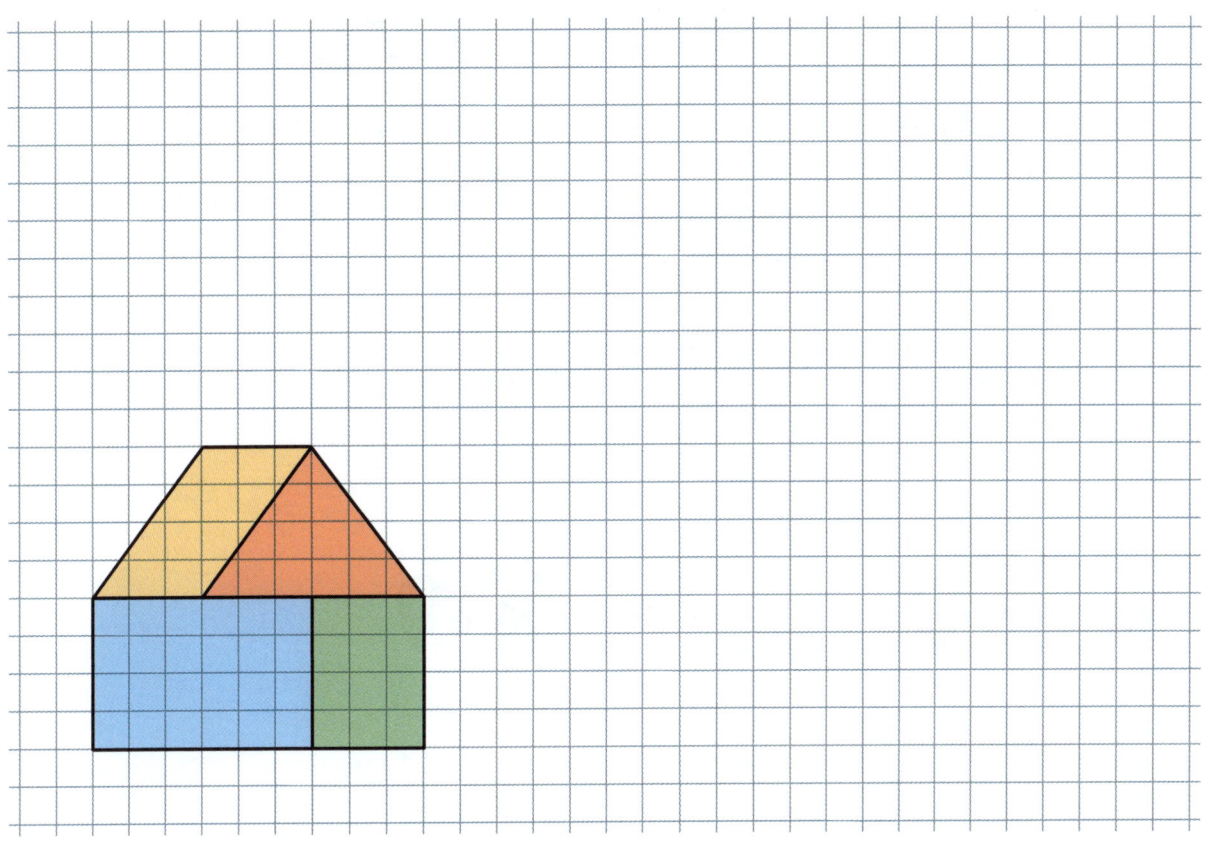

2 Zeichne die Figur verkleinert ab.
Jede Seite soll halb so lang sein.

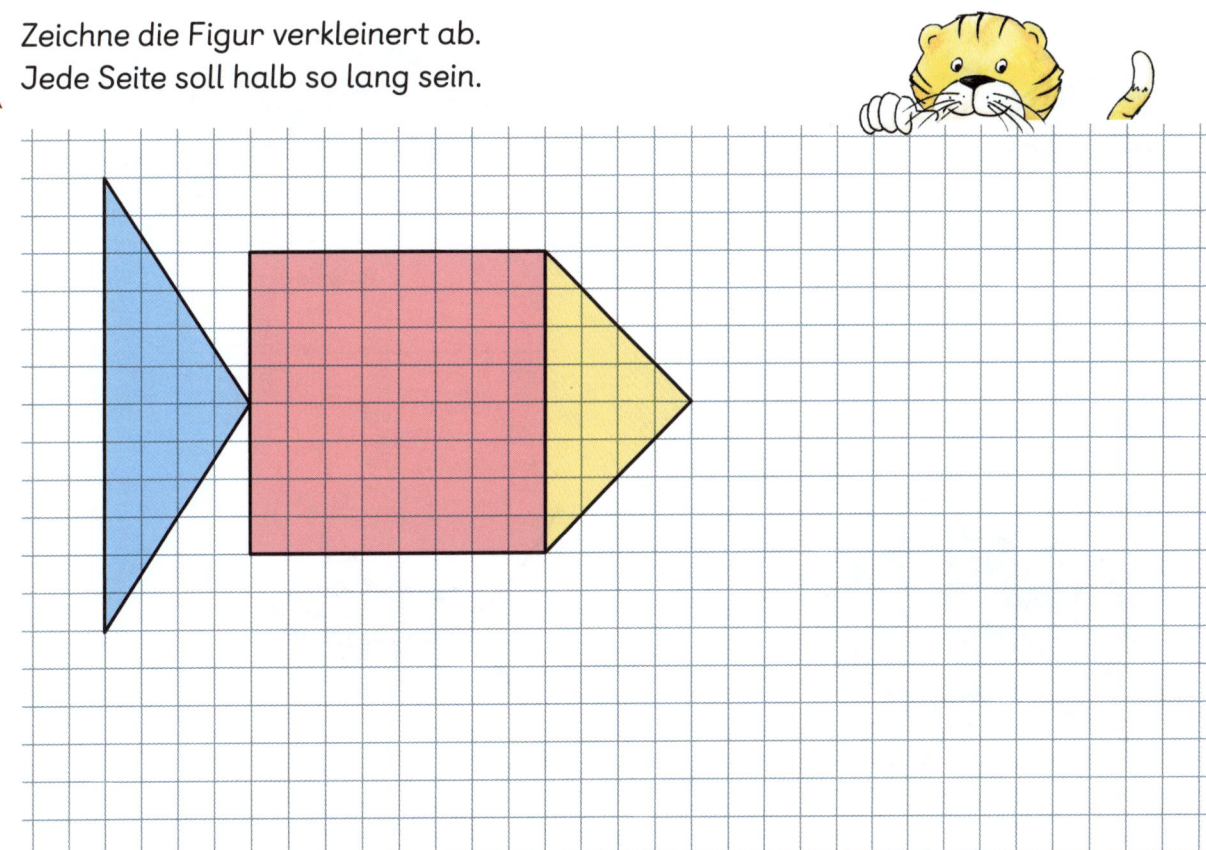

> Maßstab 10 : 1
>
> Das bedeutet:
> 10 mm in der Vergrößerung
> sind 1 mm in Wirklichkeit.

1 Miss die Länge der vergrößerten Tiere. Der Maßstab ist 10 : 1.
Wie lang sind sie in Wirklichkeit?

a

Pinselfüßler

40 mm : 10 = _____

b

Bodenspinne

_____

c
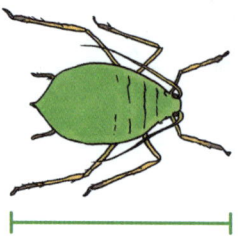

Blattlaus

_____

d
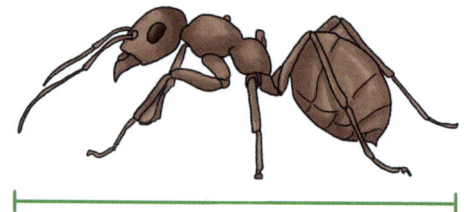

Ameise

_____

e

Borkenkäfer

_____

f

Springschwanz

_____

Maßstab 1 : 10

Das bedeutet:
1 cm in der Verkleinerung
sind 10 cm in Wirklichkeit.

1 Miss die Länge der verkleinerten Tiere. Der Maßstab ist 1 : 10.
Wie lang sind sie in Wirklichkeit?

a

Dachs

6 cm · 10 = _____

b

Eichhörnchen

_____

c

Igel

_____

d

Siebenschläfer

_____

e

Waldkauz

_____

f
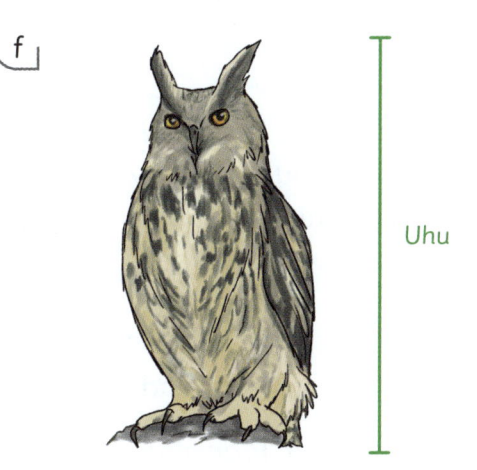
Uhu

_____

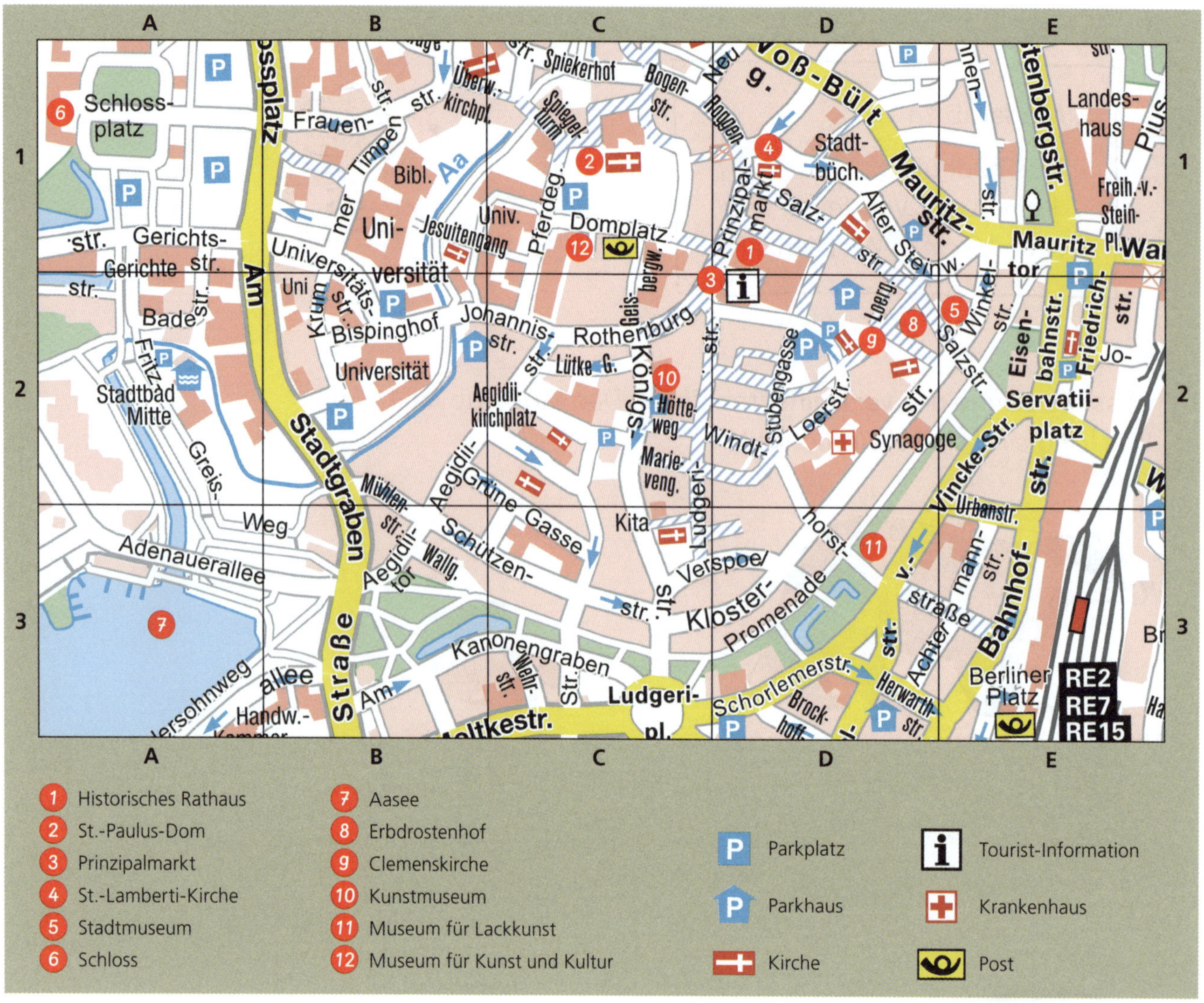

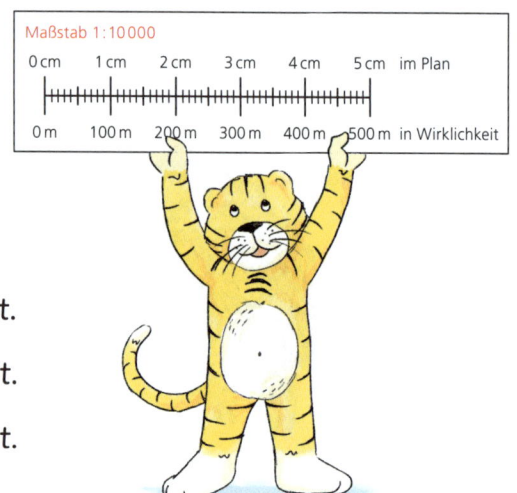

Stadtplan von Münster

Nr.		Nr.	
1	Historisches Rathaus	7	Aasee
2	St.-Paulus-Dom	8	Erbdrostenhof
3	Prinzipalmarkt	9	Clemenskirche
4	St.-Lamberti-Kirche	10	Kunstmuseum
5	Stadtmuseum	11	Museum für Lackkunst
6	Schloss	12	Museum für Kunst und Kultur

P Parkplatz
P Parkhaus
Kirche

i Tourist-Information
Krankenhaus
Post

1 Verbinde im Stadtplan von Münster folgende Orte:

a St.-Paulus-Dom – St.-Lamberti-Kirche

b Museum für Lackkunst – Historisches Rathaus

c Schloss – Museum für Kunst und Kultur

2 Der Maßstab des Stadtplans beträgt 1 : 10 000.
Miss die Entfernungen aus Aufgabe 1 auf
dem Plan (Luftlinie) auf Millimeter genau.
Rechne dann um in Meter.

Maßstab 1 : 10 000

0 cm   1 cm   2 cm   3 cm   4 cm   5 cm   im Plan

0 m   100 m   200 m   300 m   400 m   500 m   in Wirklichkeit

a __2,2 cm__ im Plan sind __220 m__ in Wirklichkeit.

b _____ im Plan sind _____ in Wirklichkeit.

c _____ im Plan sind _____ in Wirklichkeit.

Schriftliches Multiplizieren mit großen Zahlen

1

Ich rechne zuerst mal 3, dann hänge ich eine Null an. Das heißt mal 10 rechnen.

$423 \cdot 30$
$12\,690$

Multipliziere wie Ben.

a) $4\,2\,3 \cdot 3\,0$

b) $7\,1\,3\,4 \cdot 2\,0$

c) $2\,2\,1\,0\,2 \cdot 4\,0$

d) $8\,3\,1 \cdot 5\,0$

e) $6\,4\,0\,2 \cdot 9\,0$

f) $1\,3\,7\,1\,5 \cdot 7\,0$

2 Multipliziere schriftlich.

a) $9\,7\,6 \cdot 1\,0\,0$

b) $3\,8\,5 \cdot 1\,0\,0$

„Mal 100" rechnen? Das heißt zwei Nullen anhängen.

c) $4\,2\,3 \cdot 3\,0\,0$

d) $5\,1\,4 \cdot 2\,0\,0$

e) $8\,3\,9 \cdot 6\,0\,0$

f) $6\,4\,7 \cdot 5\,0\,0$

3 Multipliziere schriftlich.

a) $2\,509 \cdot 40$

b) $1\,813 \cdot 70$

c) $634 \cdot 500$

1

Ich rechne in Stellenwerten und beginne mit dem Zehner der zweiten Zahl.

Multipliziere schriftlich. Beginne bei den Zehnern.

a)

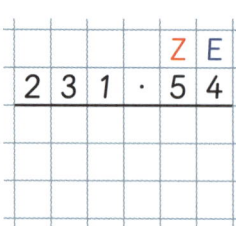

b)

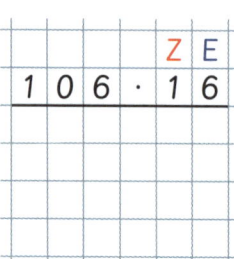

c)

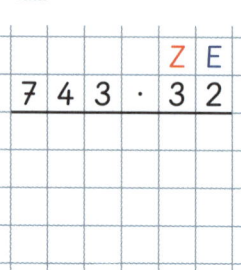

d)

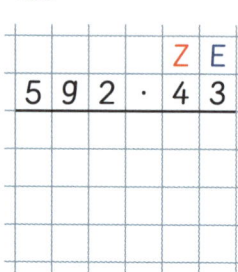

e)

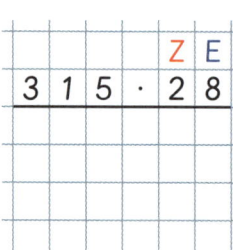

f)

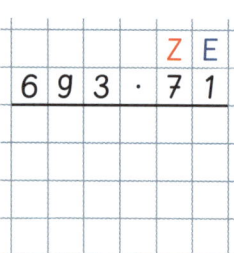

g)

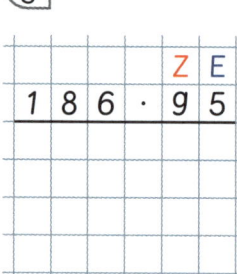

h)

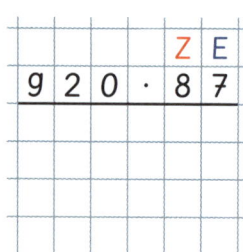

2 Rechne zuerst einen Überschlag. Multipliziere dann schriftlich.

a)
$189 \cdot 42$

Ü: $200 \cdot 40 =$ _____

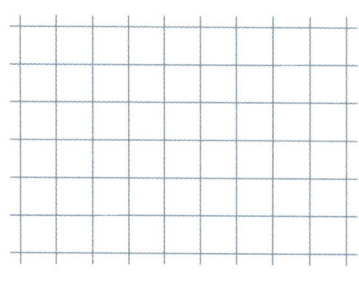

b)
$217 \cdot 59$

Ü: _____

c)
$792 \cdot 18$

Ü: _____

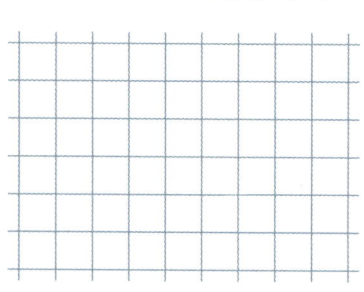

1 Rechne schriftlich.

a
$$17\,831 + 29\,504$$

```
  1 7 8 3 1
+ 2 9 5 0 4
_____
```

b
$$260\,497 + 38\,712$$

c
$$4\,927 + 18\,683$$

d
$$89\,467 - 51\,241$$

```
  8 9 4 6 7
- 5 1 2 4 1
_____
```

e
$$79\,863 - 62\,091$$

f
$$537\,236 - 48\,915$$

2 Rechne schriftlich.

a
$$653 \cdot 24$$

```
6 5 3 · 2 4
_____
```

b
$$1\,581 \cdot 19$$

c
$$7\,032 \cdot 52$$

d
$$1\,412 : 4$$

```
1 4 1 2 : 4 =
```

e
$$2\,935 : 5$$

1 Immer zwei Karten passen zusammen. Male sie in der gleichen Farbe an.
Löse die Aufgaben. Achtung: Zwei Karten bleiben übrig.

Berechne das Produkt aus 3 894 und 3.

Berechne die Summe aus 321 894 und 156 743.

Berechne den Quotienten aus 3 894 und 3.

Berechne die Summe aus 3 894 und 41 678.

Berechne die Differenz aus 321 894 und 156 743.

Berechne das Produkt aus 1 678 und 25.

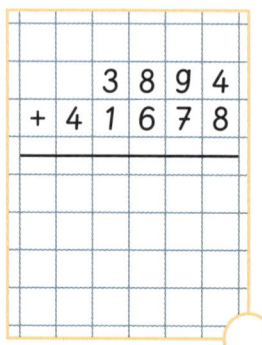

```
    3 8 9 4
+ 4 1 6 7 8
```

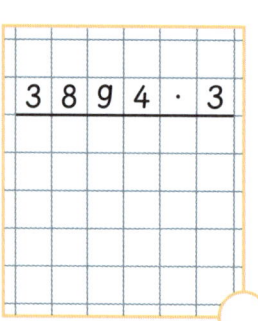

```
3 8 9 4 · 3
```

```
1 6 7 8 · 2 5
```

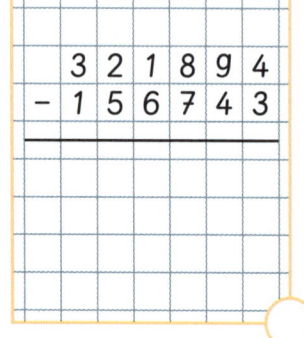

```
  3 2 1 8 9 4
- 1 5 6 7 4 3
```

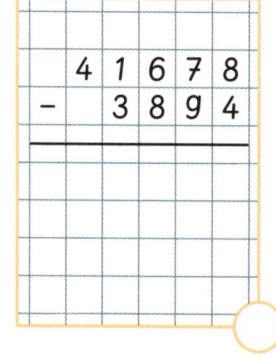

```
    4 1 6 7 8
-     3 8 9 4
```

```
3 8 9 4 · 2 5
```

```
3 8 9 4 : 3 =
```

```
  3 2 1 8 9 4
+ 1 5 6 7 4 3
```

Der Blauwal ist das größte Tier der Erde. Sein Herz schlägt höchstens 6-mal in einer Minute. Er kann bis zu 20 Minuten unter Wasser bleiben, dann muss er auftauchen, um Luft zu holen. Pro Tag frisst der Blauwal 4 Tonnen Plankton und kleine Krebse. Ein Blauwal-Baby trinkt pro Tag 240 Liter Muttermilch.

1 Löse die Aufgaben mithilfe der Tabellen und schreibe die passenden Antworten auf.

a

F: Wie oft schlägt das Herz eines Blauwals an einem Tag?

L:

Zeit	1 min	10 min	1 h				
Herzschläge							

A: _____

b

F: Wie viele Tonnen Nahrung braucht der Blauwal in einem Monat (30 Tage)?

L:

Tage	1						
Nahrung in t							

A: _____

c

F: Wie viel Mal muss der Blauwal an einem Tag mindestens Luft holen?

L:

Zeit	20 min						
Luft holen							

A: _____

d

F: Wie viel Liter Muttermilch trinkt ein Blauwal-Baby im Monat (30 Tage)?

L:

Tage	1						
Liter	240						

A: _____

1. Beschrifte die Teile des Kreises. Verwende diese Begriffe:
   Kreislinie (K), Mittelpunkt (M), Durchmesser (d), Radius (r).

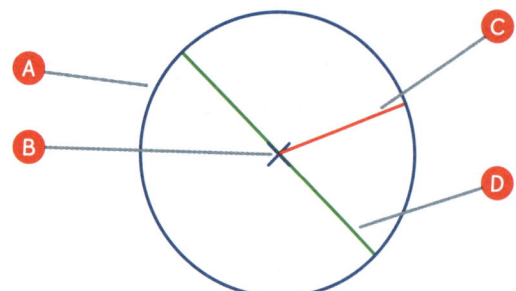

A _____

B _____

C _____

D _____

2. Stelle den Radius r am Zirkel ein und zeichne Kreise.

   a) r = 3 cm

   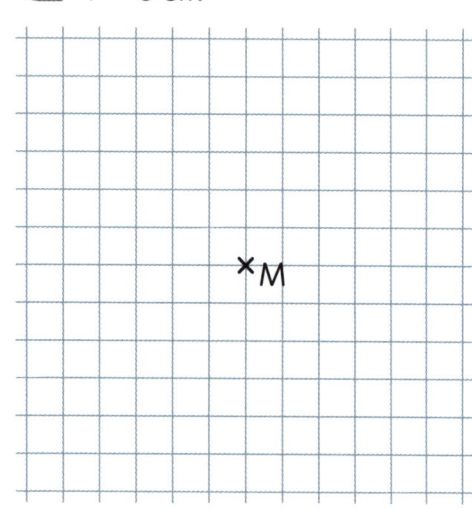

   b) r = 2,5 cm

   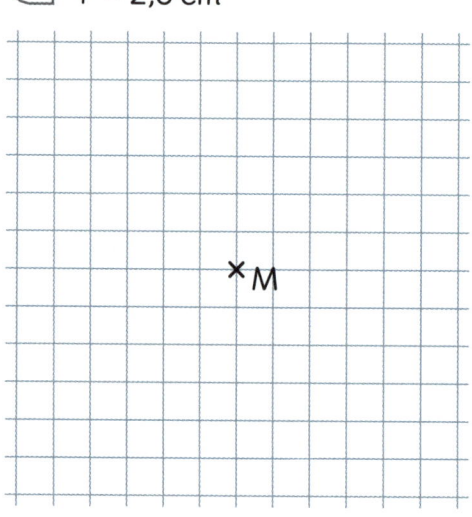

3. Zeichne Kreise mit dem Durchmesser d. Am Zirkel musst du dazu den Radius r
   einstellen.

   a) d = 4 cm

   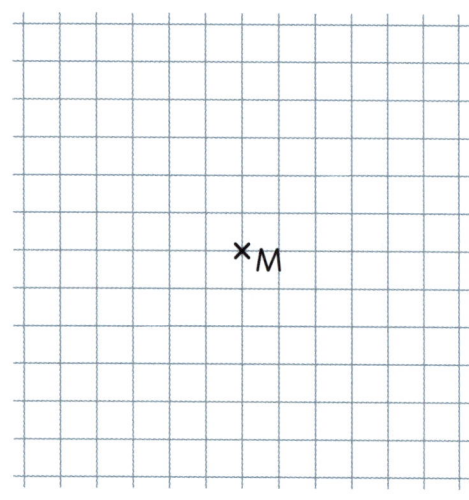

   b) d = 4,8 cm

   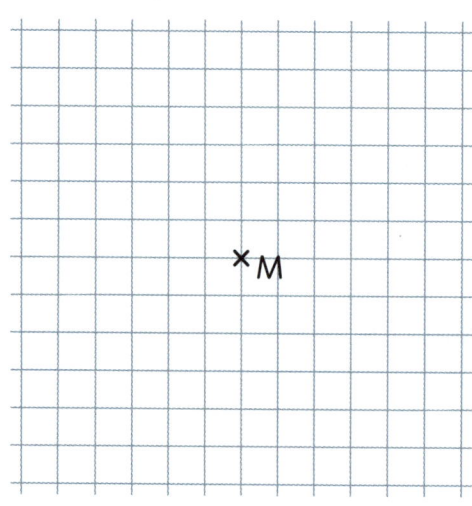

Kreismuster zeichnen

1 Setze die Muster mit dem Zirkel fort und male sie an.

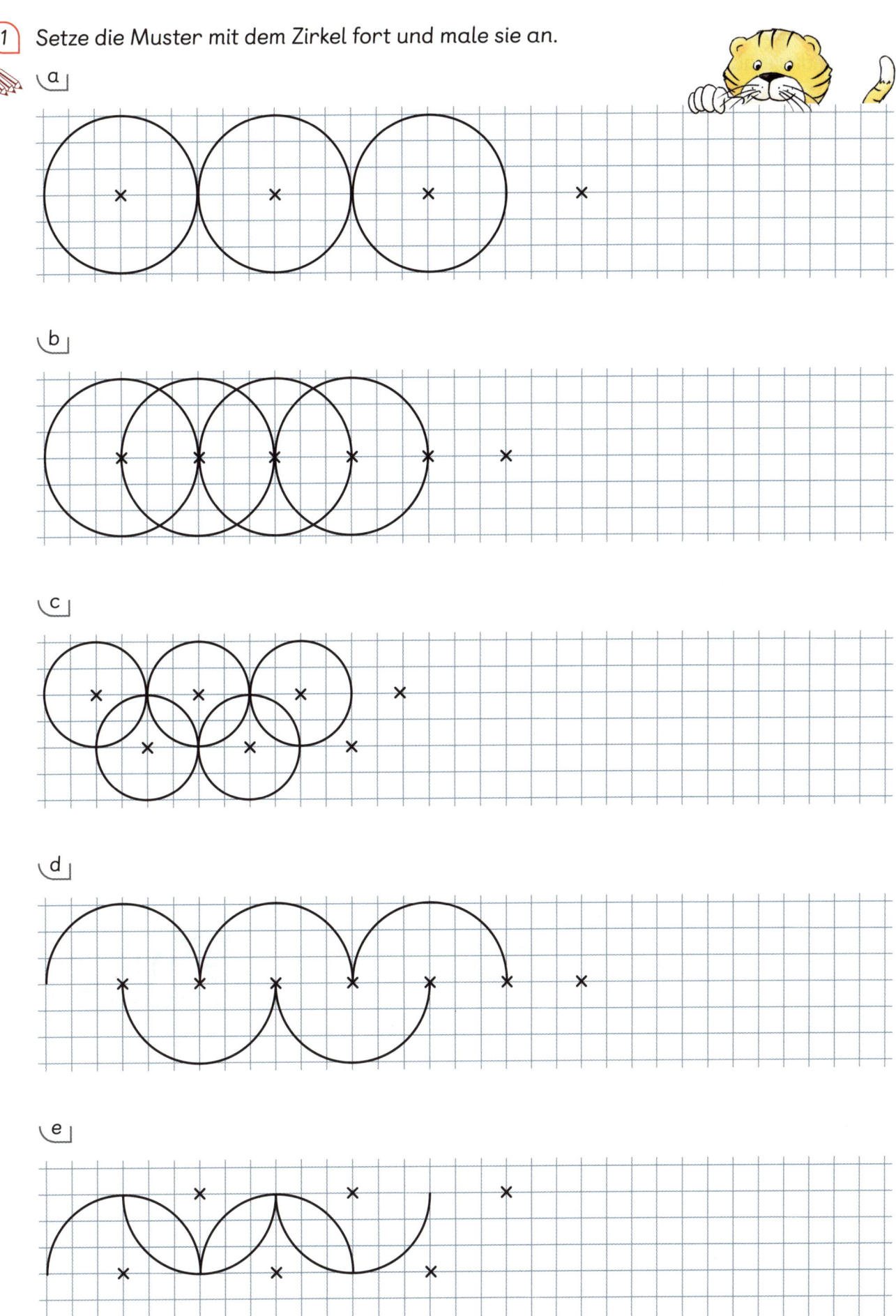

a

b

c

d

e

Schriftliches Dividieren durch Zehnerzahlen

1 Rechne zuerst einen Überschlag. Runde geschickt.
Dividiere dann schriftlich.

a)

Ü: 60 000 : 20 =

6 2 3 8 0 : 2 0 =

b)

Ü: _____

5 9 7 3 0 : 3 0 =

c)

Ü: _____

7 8 4 8 0 : 4 0 =

d)

Ü: _____

7 2 3 1 0 : 7 0 =

2 Dividiere schriftlich. Achtung, hier bleibt ein Rest.

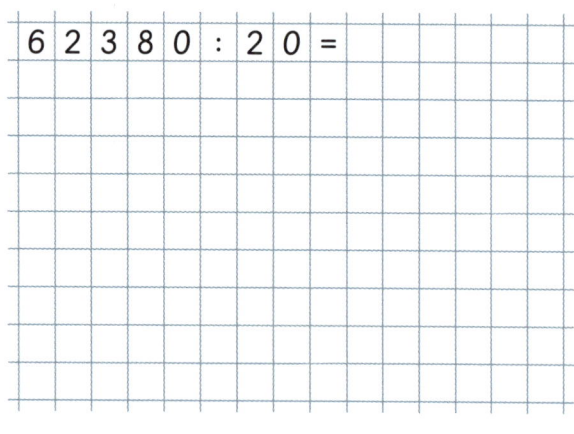

a)

6 820 : 50

b)

8 523 : 60

1 Schreibe zuerst die Einmaleinsreihe mit 11 auf. Dividiere dann schriftlich.

11, 22, 33,

a)

9 8 5 6 : 1 1 =

b)

1 0 3 9 5 : 1 1 =

2 Schreibe zuerst die Einmaleinsreihe mit 15 auf. Dividiere dann schriftlich.

15, 30,

a)

1 1 5 8 0 : 1 5 =

b)

1 3 4 2 5 : 1 5 =

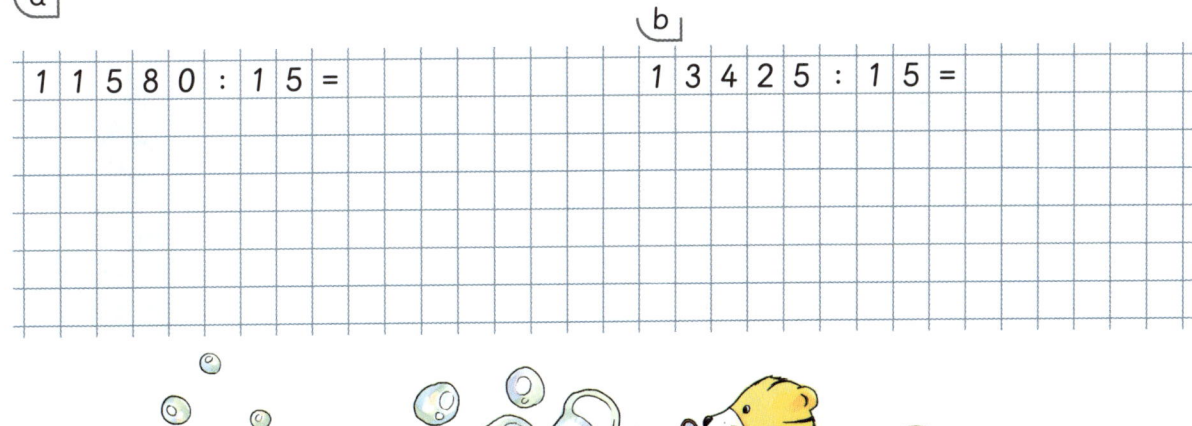

3 Schreibe zuerst die Einmaleinsreihe mit 25 auf. Dividiere dann schriftlich.
Kontrolliere mit der Umkehraufgabe (Multiplikationsaufgabe).

25, 50,

a)

2 7 2 7 5 : 2 5 =

K:

b)

5 4 7 5 0 : 2 5 =

K:

1 Rechne zuerst einen Überschlag.
Multipliziere dann schriftlich.

a

8,60 € · 12

Ü: _____

b

5,42 € · 15

Ü: _____

c

3,75 € · 25

Ü: _____

d

17,35 € · 11

Ü: _____

e

21,70 € · 14

Ü: _____

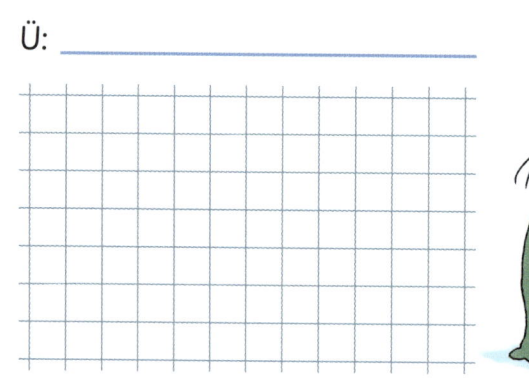

2

a

Die Klasse 4a kauft 21 Sachbücher
zu je 8,85 €.

F: Wie viel Euro kosten die Bücher?

L:

A: _____

_____

b

Die Klasse 4b kauft 16 Geschichten-
bücher zu je 12,80 €.

F: Wie viel Euro kosten die Bücher?

L:

A: _____

_____

1

5,10 €   3,28 €

a

Berechne für jede Packung Multi-Saft, wie teuer eine Flasche ist.
Dividiere schriftlich mit den Cent-Preisen.

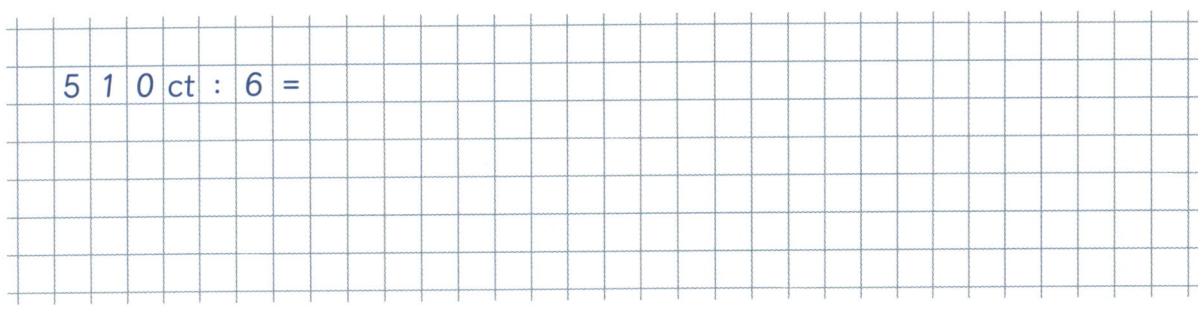

5 1 0 ct : 6 =

A: _____

_____

b

Bei welcher Packung ist die einzelne Flasche günstiger?

A: _____

2 Wandle um in Cent-Preise und dividiere schriftlich. Wandle dann wieder um in Euro.

a

15,47 € : 7

b

34,74 € : 9

1 Bei Glücksrad **A** ist die Chance, dass man Blau oder Orange trifft, genau gleich.
Bei welchen Glücksrädern **B** bis **D** ist die Chance, Blau oder Orange zu treffen,
gleich? Kreuze an.

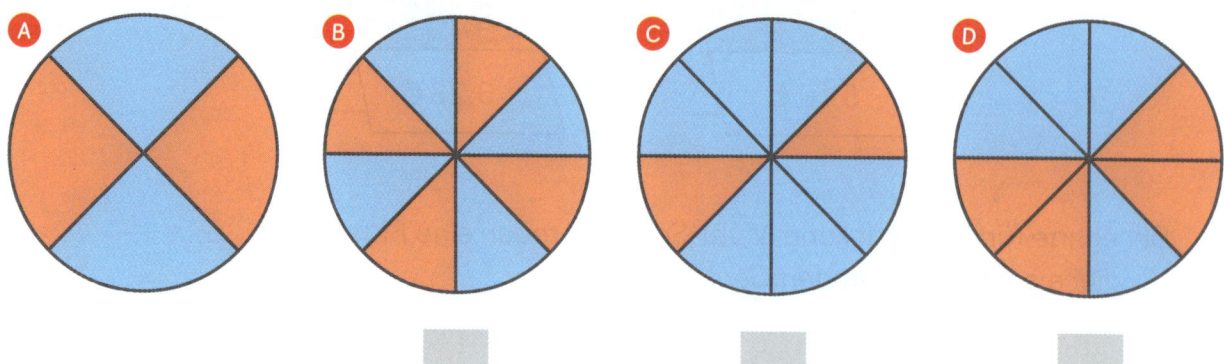

2

 2   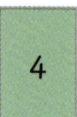 4   9   13

Gewinnkarte A

Du gewinnst,
wenn die
Summe größer
als 14 ist.

Gewinnkarte B

Du gewinnst,
wenn die
Summe kleiner
als 14 ist.

Zahlen ziehen

Spiel für 2 Spieler

Ihr braucht: 4 Zahlenkarten

Spielregeln:
- Jeder Spieler nimmt eine Gewinnkarte.
- Dreht die Zahlenkarten um und zieht
  zwei davon. Addiert beide Zahlen.
- Der Sieger erhält einen Punkt.

a

Ziehe 20-mal zwei Zahlenkarten, addiere die Zahlen und trage deine Ergebnisse ein.

Ergebnis	6	11	13	15	17	22

b

Schreibe alle Möglichkeiten auf.

Ergebnis	6	11	13	15	17	22
	2 + 4 4 + 2					

c

Ist das Spiel gerecht?

_____

Ein Spiel ist gerecht, wenn beide
Gewinnkarten gleich häufig gewinnen.

1 Das ist der Ausschnitt des Fahrplan-
aushangs am Hauptbahnhof Freiburg
(Breisgau).

a

Was bedeuten die Zeichen?

ICE: _____

IC: _____

RE: _____

RB: _____

b

Wann fahren die Züge ab?

nach Interlaken Ost: _____

nach Berlin Ostbahnhof: _____

nach Kiel: _____

nach Köln: _____

c

Wann kommen die Züge an?

in Interlaken Ost: _____

in Berlin Ostbahnhof: _____

in Kiel: _____

in Köln: _____

d

Auf welchen Gleisen fahren die Züge ab?

RE 17014 nach Offenburg: _____

RB 17269 nach Seebrugg: _____

RB 17021 nach Basel Bad Bf: _____

RB 17063 Neuenburg (Baden): _____

e

In welchen Städten hält der ICE 108
nach Köln?

_____

_____

_____

Abfahrt *Departure* Freiburg (Br) Hbf

Zeit *Time*	Zug *Train*	Richtung *Destination*	Gleis *Platf*
11.00			
11.01	ICE 275	Basel Bad BF 11.34 – Basel SBB 11.47 – Olten 12.25 – Bern 12.56 – Thun 13.22 – Spiez 13.32 – Interlaken West 13.51 – **Interlaken Ost 13.57**	3
11.03	RE 17014 🚲	Denzingen 11.08 – Emmendingen 11.15 – Riegel-M. 11.21 – Kenzingen 11.25 – Herbolz-heim 11.28 – Orschweiler 11.34 – Lahr 11.39 **Offenburg 11.53**	2
11.10	RB 17269 🚲	Kirchzarten 11.23 – Hinterzarten 11.43 – Titisee 11.48 – Feldbg.-Bärental 11.57 – Schluchsee 12.11 – **Seebrugg 12.16**	7
11.15	RB 17021 🚲	Schallstadt 11.20 – Bad Krozingen 11.24 – Heitersheim 11.29 – Mülheim 11.35 – Bad Belingen 11.44 – Weil/Rh. 12.05 **Basel Bad Bf 12.12**	5
11.26	IC 1174 🍴	Lahr (Schwarzw) 11.45 – Offen-burg 11.57 – Baden-Baden 12.14 – Karlsruhe 12.33 – Wein-heim (Bergstr) 13.15 – Darmstadt 13.38 – Frankfurt/M. 14.00 – Fulda 15.19 – Kassel-Wilhelms-höhe 15.57 – Hannover Hbf 16.56 – Wolfsburg Hbf 17.31 – **Berlin Ostbahnhof 19.08**	1
11.38	RB 17063 🚲	Schallstadt 11.47 – Bad Krozingen 11.53 – Heitersheim 11.58 – Müllheim (Baden) 12.06 – **Neuenburg (Baden) 12.12**	3
11.49	ICE 74	Baden-Baden 12.32 – Karlsruhe Hbf 12.49 – Mannheim Hbf 13.14 – Frankfurt (M) Hbf 13.53 – Kassel Wilhelmshöhe 15.19 – Hannover Hbf 16.17 – Hamburg Hbf 17.35 – **Kiel Hbf 18.44**	1
11.56	ICE 108	Offenburg 12.28 – Karlsruhe Hbf 12.58 – Mannheim Hbf 13.23 – Frankfurt (M) Flughafen Fernbf 14.06 – Siegburg/Bonn 14.46 – **Köln 16.05**	1

Zeichenerklärung

ICE	Intercity-Express
IC	Intercity
RE	Regional-Express
RB	Regionalbahn

Stadtbahn/Bus Freiburg
Hauptbahnhof – Mundenhof
1 Zone
Erwachsene 2,30 €   Kinder 1,40 €

Tiergehege Mundenhof in Freiburg
Freier Eintritt, Spenden erbeten

1 Die Klasse 4c (20 Kinder) der Karlschule Freiburg hat 100 € in der Klassenkasse. Sie plant mit dem Geld einen Ausflug ins Tiergehege Mundenhof.

F: Wie viel Euro müssen die Kinder der Klasse 4c für die Fahrt (hin und zurück) mit der Stadtbahn vom Hauptbahnhof zum Mundenhof bezahlen?

L:

A: _____

2 Jedes Kind darf sich ein Eis aussuchen. Sie möchten dafür nicht mehr als 32,00 Euro aus der Klassenkasse ausgeben.

F: Wie viel Euro darf ein Eis pro Kind höchstens kosten?

L:

A: _____

3 Das übrige Geld aus der Klassenkasse will die Klasse dem Tiergehege spenden.

F: Wie viel Euro kann die Klasse spenden?

L:

A: _____

Baupläne

1 a 🖊

Ordne den Würfelgebäuden ihre Baupläne zu.

A

B

C

2	3	3	2
1	1	1	1

3	3	3	3
1	2	2	1
0	1	1	0

2	2	3
1	2	1
0	1	1

b

Aus wie vielen Steckwürfeln besteht jedes Gebäude? Der Bauplan hilft dir.

A ▢ Steckwürfel   **B** ▢ Steckwürfel   **C** ▢ Steckwürfel

2 Schreibe zu den Würfelgebäuden den Bauplan.

a

A

B

C

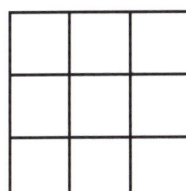

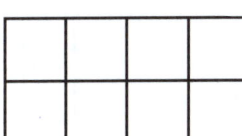

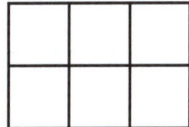

b

Aus wie vielen Steckwürfeln besteht jedes Gebäude?

A ▢ Steckwürfel   **B** ▢ Steckwürfel   **C** ▢ Steckwürfel

1

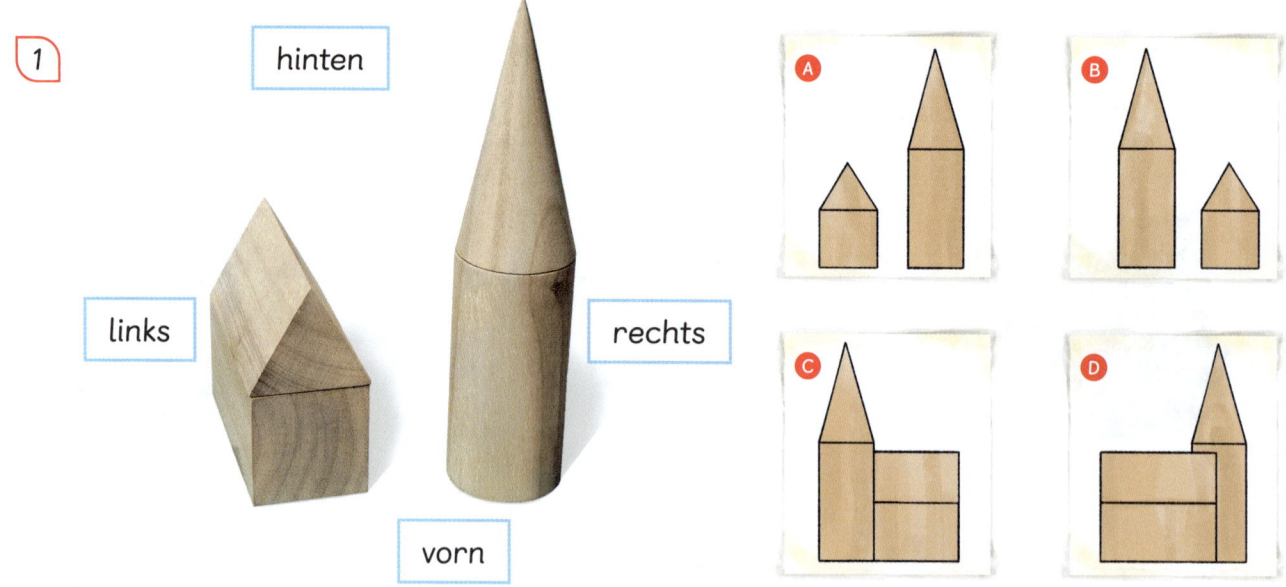

hinten

links

rechts

vorn

Betrachte die Gebäude. Von welcher Seite sind die Ansichten zu sehen?

A von _____   **B** von _____

C von _____   **D** von _____

2

Finde die dazugehörigen Ansichten und male sie in der jeweiligen Farbe an.

a | b | c | d

von vorn   von hinten   von links   von rechts

Schrägbilder zeichnen

1

So zeichne ich ein Schrägbild von einem Würfel.

Zeichne die Würfel als Schrägbilder. Die Punkte helfen dir.

a

Ein Würfel mit Kantenlänge 2 cm.

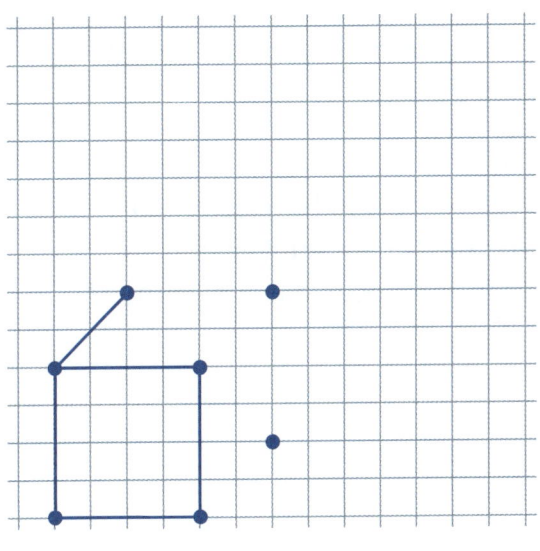

b

Ein Würfel mit Kantenlänge 4 cm.

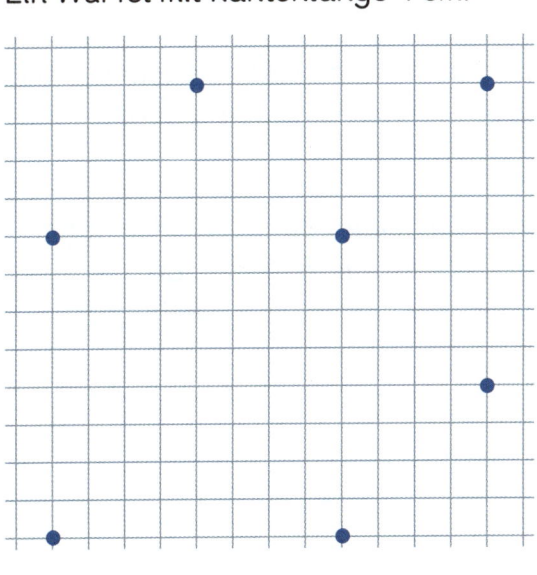

c

Ein Würfel mit Kantenlänge 3 cm.

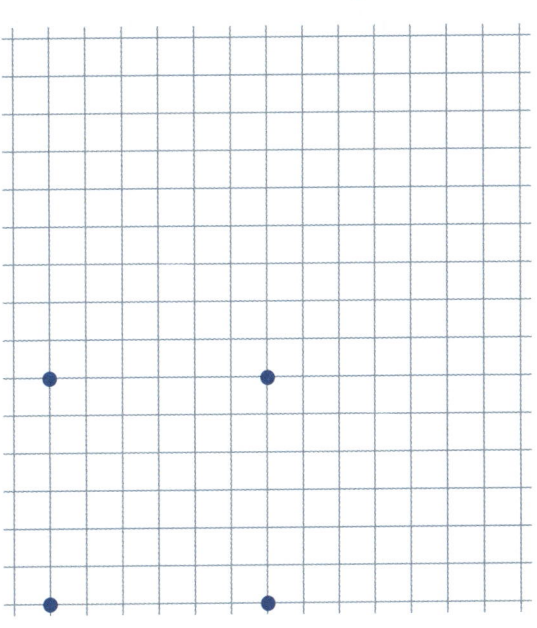

d

Zwei Würfel mit den Kantenlängen 2 cm.

1

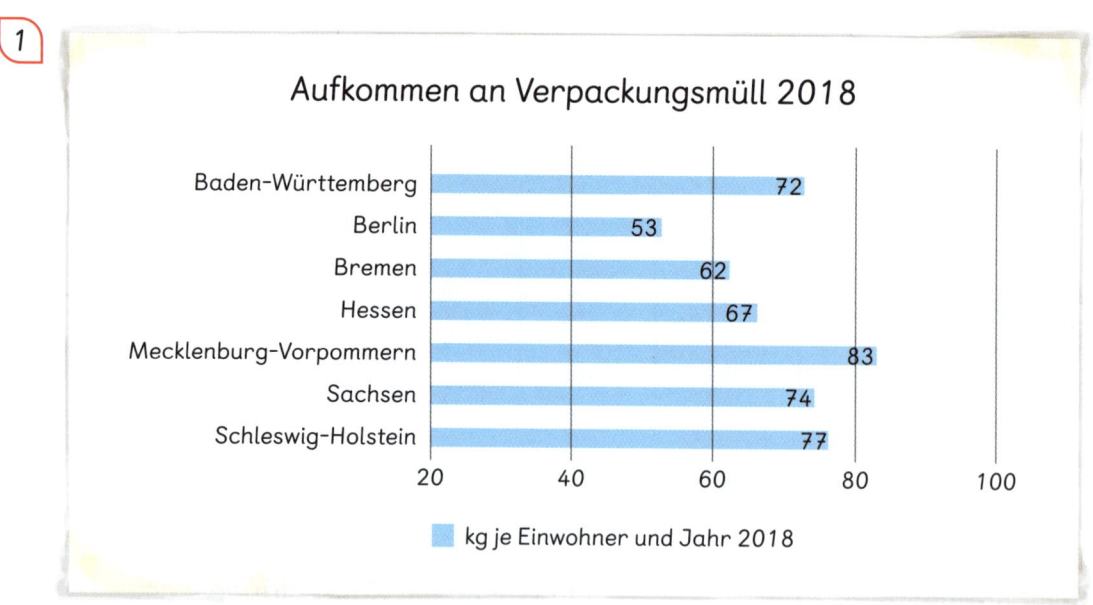

Aufkommen an Verpackungsmüll 2018

Baden-Württemberg 72
Berlin 53
Bremen 62
Hessen 67
Mecklenburg-Vorpommern 83
Sachsen 74
Schleswig-Holstein 77

kg je Einwohner und Jahr 2018

Betrachte das Balkendiagramm über das Aufkommen an Verpackungsmüll je Einwohner in diesen 7 Bundesländern im Jahr 2018.

a

Welche beiden Bundesländer haben das höchste Aufkommen an Verpackungsmüll je Einwohner?

_____ [ ] kg

_____ [ ] kg

b

Welche beiden Bundesländer haben das niedrigste Aufkommen an Verpackungsmüll je Einwohner?

_____ [ ] kg

_____ [ ] kg

2 Herr und Frau Schmid wohnen mit ihren beiden Kindern in Baden-Württemberg.

a

F: Wie viel Kilogramm Verpackungsmüll hat die Familie in einem Jahr erzeugt?

L:

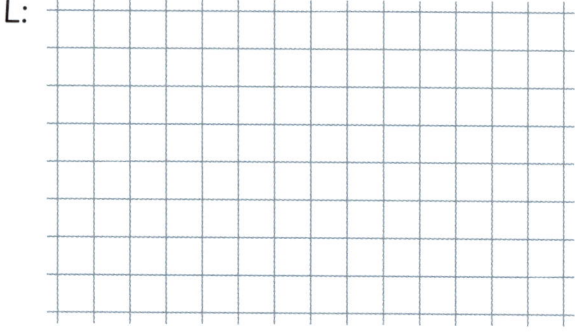

A: _____

_____

b

F: Wie viel Kilogramm Verpackungsmüll hat die Familie in einem Monat erzeugt?

L:

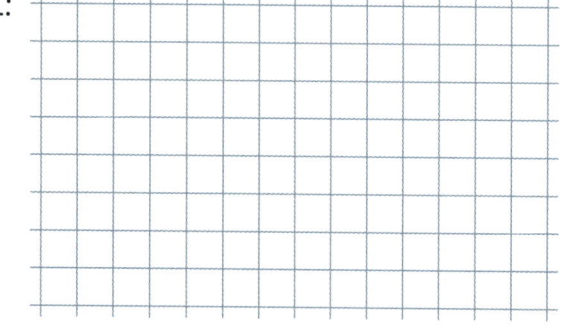

A: _____

_____

1

Aufkommen an Verpackungsmüll pro Person
im Jahr 2018

a

Welche Teile des Kreisdiagramms passen zu den Angaben?
Male die Kästchen in der passenden Farbe an.

☐ 30 kg Leichtverpackungen aus Kunststoffen, Aluminium, Weißblech und
Verbundmaterialien

☐ 22 kg Glasverpackungen

☐ 16 kg Verpackungen aus Papier, Pappe und Karton

b

Richtig oder falsch? Kreuze an.

Aussagen	richtig	falsch
Dieses Kreisdiagramm ist aus dem Jahr 2018.		
Dieses Kreisdiagramm zeigt das Aufkommen an Verpackungsmüll pro Person in einem Monat.		
Es fallen 16 kg Verpackungsmüll aus Papier, Pappe und Karton an.		
Es fällt am meisten Leichtverpackungsmüll an.		
Es fällt am wenigsten Müll aus Glasverpackungen an.		
Es fallen zusammen weniger als 30 kg Verpackungsmüll aus Glas sowie aus Papier, Pappe und Karton an.		
Es fallen insgesamt 68 kg Verpackungsmüll pro Person im Jahr an.		
In einem Haushalt mit 4 Personen fallen pro Jahr weniger als 200 kg Verpackungsmüll an.		

1 Rechne schriftlich. Male die Steine mit den Ergebnissen braun an.

a)

$$165\,705 + 283\,619$$

b)

$$317\,836 + 5\,924$$

c)

$$58\,297 - 36\,362$$

d)

$$123\,456 - 64\,047$$

e)

$$524 \cdot 18$$

f)

$$2\,736 \cdot 42$$

g)

$$4\,275 : 3$$

h)

$$12\,474 : 11$$

	1 425	323 760	
59 409	1 456	114 912	
21 935	22 387	450 423	449 324
9 432	45 618	8 501	123 456	1 134